U0166412

建筑材料检测领域的应用研究

张　伟　谢新法　孔福银　著

吉林科学技术出版社

图书在版编目（CIP）数据

建筑材料检测领域的应用研究 / 张伟，谢新法，孔
福银著． -- 长春：吉林科学技术出版社，2022.8
ISBN 978-7-5578-9357-6

Ⅰ．①建… Ⅱ．①张… ②谢… ③孔… Ⅲ．①建筑材
料－检测－研究 Ⅳ．① TU502

中国版本图书馆 CIP 数据核字（2022）第 113566 号

建筑材料检测领域的应用研究

著	张 伟 谢新法 孔福银	
出 版 人	宛 霞	
责任编辑	赵维春	
封面设计	刘婷婷	
制 版	张 冉	
幅面尺寸	185mm×260mm	
开 本	16	
字 数	260 千字	
印 张	11.75	
印 数	1–1500 册	
版 次	2022年8月第1版	
印 次	2022年8月第1次印刷	

出 版	吉林科学技术出版社	
发 行	吉林科学技术出版社	
地 址	长春市南关区福祉大路5788号出版大厦A座	
邮 编	130118	
发行部电话/传真	0431-81629529 81629530 81629531	
	81629532 81629533 81629534	
储运部电话	0431-86059116	
编辑部电话	0431-81629510	
印 刷	廊坊市印艺阁数字科技有限公司	

书 号	ISBN 978-7-5578-9357-6	
定 价	48.00 元	

前　言

随着社会的进步和发展，人们对健康、环保和安全的重视程度不断加强，而检测正是通过对相应领域中的各种产品或环境要素进行技术验证，检验其是否满足相关法律、法规的要求，是否符合健康、环保和安全的要求。建筑材料质量的合格与否，直接影响人们生命和财产安全，这一方面促使政府加大力度推进各项检测标准的升级，也使得各种强制性认证检测项目不断增加；另一方面，促使生产企业和建设企业更加注重通过检测认证提升自身的竞争力。

建材检测认证行业主要服务于建筑材料生产企业和工程建设单位，属于人才、技术密集型产业，对高端复合型技术人才需求较高。不论是检测项目的更新，还是检测设备的运用，都需要高素质技术人才作为支撑。对检测人员进行在岗培训和继续教育，是提升其检测技能和操作水平，避免检测过程中出现差错和疏漏的重要手段。

建筑业是一个关系到国计民生的支柱性基础产业，因此建筑业正处在大发展阶段。作为建筑业的一个组成部分，工程质量检测随着全民质量意识的增强而不断被人重视。随着建筑工程的发展，建筑材料检测也变得越来越重要，好的建筑材料，是做好建筑工作的保证。本研究对建筑材料的检测项目、常用建筑材料的检测方法、检测过程中应注意的几个环节和检测行业存在问题进行了探讨。

希望本书的出版，能为不断壮大的建材行业检测机构、从业人员提供有益的帮助，也为高校建筑材料检测教学和实验提供可资借鉴的素材，为建材检测人员的培养事业做出一定贡献。

前　言

目　录

第一章　建筑材料基本性质 ……………………………………… 1

　　第一节　材料的基本物理性质 …………………………………… 1

　　第二节　材料的力学性能 ……………………………………… 11

　　第三节　材料的耐久性 ………………………………………… 13

　　第四节　材料的建筑石材 ……………………………………… 14

第二章　建筑钢材的要素 ………………………………………… 21

　　第一节　钢材的分类及化学成分影响 ………………………… 21

　　第二节　建筑钢材的主要技术性能 …………………………… 23

　　第三节　钢材的冷加工、时效及应用 ………………………… 27

　　第四节　建筑钢材的标准与选用 ……………………………… 28

　　第五节　钢材的腐蚀与防止 …………………………………… 31

　　第六节　钢筋试验 ……………………………………………… 33

第三章　水泥检测 ………………………………………………… 37

　　第一节　硅酸盐水泥技术要求及应用 ………………………… 37

　　第二节　掺混合材料的硅酸盐水泥及应用 …………………… 43

　　第三节　通用硅酸盐水泥的应用 ……………………………… 46

　　第四节　其他品种水泥技术要求及应用 ……………………… 49

　　第五节　水泥细度试验 ………………………………………… 53

第四章　混凝土检测 ……………………………………………… 55

　　第一节　混凝土检测的理论知识 ……………………………… 55

　　第二节　混凝土拌合物性能试验 ……………………………… 64

第三节 硬化混凝土力学性能试验 ………………………………… 72

第四节 混凝土耐久性试验 ………………………………………… 79

第五节 混凝土强度无损检测 ……………………………………… 86

第五章 防水材料检测 …………………………………………… 90

第一节 防水材料检测的理论知识 ………………………………… 90

第二节 沥青防水卷材试验 ………………………………………… 100

第三节 遇水膨胀橡胶体积膨胀倍率试验 ………………………… 119

第四节 聚氨酯防水涂料试验 ……………………………………… 121

第六章 金属材料及其检测 ……………………………………… 132

第一节 钢材的种类与应用 ………………………………………… 132

第二节 钢材的性能检测和评定 …………………………………… 154

第三节 钢材的验收与储运 ………………………………………… 157

第四节 其他金属材料在建筑中的应用 …………………………… 158

第七章 钢材应用与检测 ………………………………………… 161

第一节 钢材选购 …………………………………………………… 161

第二节 建筑钢材的标准与选用 …………………………………… 172

第三节 建筑钢材性能检测 ………………………………………… 176

参考文献 ………………………………………………………… 180

第一章 建筑材料基本性质

第一节 材料的基本物理性质

一、材料与质量有关的性能

（一）三种密度

1. 实际密度

实际密度（简称密度）是指材料在绝对密实状态下单位体积的质量，按下式计算：

$$\rho = \frac{m}{V} \tag{1-1}$$

式中：ρ 实际密度（g/cm³）；

m——材料在干燥状态下的质量（g）；

V——材料在绝对密实状态下的体积（cm³）。

绝对密实状态下的体积是指不包括材料内部孔隙在内的固体物质的体积。测定材料密度时，可采取不同方法。对钢材、玻璃、铸铁等接近于绝对密实的材料，可用排水（液）法；而绝大多数材料内部都含有一定孔隙时测定其密度时应把材料磨成细粉（至粒径小于 0.2mm）以排除其内部孔隙，然后用排水（液）法测定其实际体积，再计算其绝对密度；水泥、石膏粉等材料本身是粉末态，就可以直接采用排水（液）法测定。

在测量某些较致密的不规则的散粒材料（如卵石、砂等）的实际密度时，常直接用排水法测其绝对体积的近似值（因颗粒内部的封闭孔隙体积没有排除），这时所测得的实际密度为近似密度，即视密度（ρ）。

2. 体积密度

体积密度（亦称表观密度）是指材料在自然状态下单位体积的质量，按下式计算：

$$\rho_0 = \frac{m}{V_0} \tag{1-2}$$

式中：ρ_0——体积密度（g/cm³ 或 kg/m³）；

m——材料的质量（g 或 kg）；

V_0——材料在自然状态下的体积，或称表观体积（cm³ 或 m³）。

自然状态下的体积即表观体积，包含材料内部孔隙（开口孔隙和封闭空隙）在内。对外形规则的材料，其几何体积即为表观体积；对外形不规则的材料，可用排水（液）法测定，但在测定前，待测材料表面应用薄蜡层密封，以免测液进入材料内部孔隙而影响测定值。

材料孔隙内含有水分时，其质量和体积会发生变化，相同材料在不同含水状态下其表观密度也不相同，因此，表观密度应注明材料含水状态，若无特别说明，常指气干状态（材料含水率与大气湿度相平衡，但未达到饱和状态）下的表观密度。

3. 堆积密度

堆积密度是指散粒(粉状、粒状或纤维状)材料在自然堆积状态下单位体积的质量，按下式计算：

$$\rho_0{}' = \frac{m}{V_0{}'} \quad (1\text{-}3)$$

式中：$\rho_0{}'$——堆积密度（kg/m³）；

m——材料的质量（kg）；

$V_0{}'$——材料的堆积体积（m³）。

自然堆积状态下的体积即堆积体积，包含颗粒内部的孔隙及颗粒之间的空隙。测定散粒状材料的堆积密度时，材料的质量是指填充在一定容积的容器内的材料质量，其堆积体积是指所用容器的容积。

（二）材料的密实度与孔隙率

1. 密实度

密实度是指材料体积内被固体物质所充实的程度，也就是固体物质的体积占总体积的比例。密实度反映了材料的致密程度，以 D 表示：

$$D = \frac{V}{V_0} \times 100\% = \frac{\rho_0}{\rho} \times 100\% \qquad (1\text{-}4)$$

含有孔隙的固体材料的密实度均小于1。材料的很多性能(如强度、吸水性、耐久性、导热性等)均与其密实度有关。

2. 孔隙率

孔隙率是指在材料体积内孔隙总＝体积（V_p）占材料总体积（V_0）的百分率，以 P 表示。因 $V_p\text{-}V_0\text{-}V$，则 P 值可用下式计算：

$$P = \frac{V_0 - V}{V_0} \times 100\% = \left(1 - \frac{V}{V_0}\right) \times 100\% = \left(1 - \frac{\rho_0}{\rho}\right) \times 100\% \qquad (1\text{-}5)$$

孔隙率与密实度的关系为

$$P + D = 1 \qquad\qquad\qquad\qquad\qquad (1\text{-}6)$$

上式表明，材料的总体积是由该材料的固体物质与其所包含的孔隙所组成的。

3. 材料的孔隙

材料内部孔隙一般是自然形成或在生产、制造过程中产生的。主要形成原因包括材料内部混入水（如混凝土、砂浆、石膏制品）；自然冷却作用（如浮石、火山渣）；外加剂作用（如加气混凝土、泡沫塑料）；焙烧作用（如膨胀珍珠岩颗粒、烧结砖）等。

材料的孔隙构造特征对建筑材料的各种基本性质具有重要的影响，一般可由孔隙率、孔隙连通性和孔隙直径 3 个指标来描述。孔隙率的大小及孔隙本身的特征与材料的许多重要性质（如强度、吸水性、抗渗性、抗冻性和导热性等）都有密切关系。一般而言，孔隙率较小且连通孔较少的材料，其吸水性较小、强度较高、抗渗性和抗冻性较好、绝热效果好。孔隙率是指孔隙在材料体积中所占的比例。孔隙按其连通性可分为连通孔、封闭孔和半连通孔（或半封闭孔）。连通孔是指孔隙之间、孔隙和外界之间都连通的孔隙（如木材、矿渣）；封闭孔是指孔隙之间、孔隙和外界之间都不连通的孔隙（如发泡聚苯乙烯、陶粒）；介于两者之间的称为半连通孔或半封闭孔。一般情况下，连通孔对材料的吸水性、吸声性影响较大，而封闭孔对材料的保温隔热性能影响较大。孔隙按其直径的大小可分为粗大孔、毛细孔、微孔。粗大孔是指直径大于毫米级的孔隙，这类孔隙对材料的密度、强度等性能影响较大，如矿渣。毛细孔是指直径在微米至毫米级的孔隙，对水具有强烈的毛细作用，主要影响材料的吸水性、抗冻性等性能，这类孔在多数材料内都存在，如混凝土、石膏等。微孔的直径在微米级以下，其直径微小，对材料的性能反而影响不大，如瓷质及炻质陶瓷。

（三）材料的填充率与空隙率

1. 填充率

填充率是指散粒材料在某容器的堆积体积中被其颗粒填充的程度，以 D' 表示。可用下式计算：

$$D' = \frac{V_0}{V_0'} \times 100\% = \frac{\rho_0'}{\rho} \times 100\% \qquad (1\text{-}7)$$

2. 空隙率

空隙率，是指散粒材料在某容器的堆积体积中，颗粒之间的空隙体积（V_0）占堆积体积的百分率，以 P' 表示。P' 值可用下式计算：

$$P' = \frac{V_0' - V}{V_0'} \times 100\% = \left(1 - \frac{V}{V_0'}\right) \times 100\% = \left(1 - \frac{\rho_0'}{\rho}\right) \times 100\% = 1 - D' \qquad (1\text{-}8)$$

即

$$D' + P' = 1 \qquad (1\text{-}9)$$

空隙率反映了散粒材料颗粒之间的相互填充的致密程度，对于混凝土的粗、细骨料，空隙率越小，说明其颗粒大小搭配得越合理，用其配制的混凝土越密实，水泥也越节约。配制混凝土时，砂、石空隙率可作为控制混凝土骨料级配与计算含砂率的依据。

二、材料与水有关的性能

（一）亲水性与憎水性

材料在空气中与水接触时，根据其是否能被水润湿，可将材料分为亲水性和憎水性（或称疏水性）两大类。

材料在空气中与水接触时能被水润湿的性质称为亲水性。具有这种性质的材料称为亲水性材料，如砖、混凝土、木材等。

材料在空气中与水接触时不能被水润湿的性质称为憎水性（也称疏水性）。具有这种性质的材料称为疏水性材料，如沥青、石蜡等。

在材料、水和空气三者交点处，沿水的表面且限于材料和水接触面所形成的夹角口称为"润湿角"。当 $\theta \leqslant 90°$ 时材料分子与水分子之间互相的吸引力大于水分子之间的内聚力，称为亲水性材料；当 $\theta > 90°$，材料分子与水分子之间互相的吸引力小于水分子之间的内聚力，称为憎水性材料。

大多数建筑材料（如石料、砖及砌块、混凝土、木材等）都属于亲水性材料，其表面均能被水润湿，且能通过毛细管作用将水吸入材料的毛细管内部。沥青、石蜡等属于憎水性材料，其表面不能被水润湿，该类材料一般能阻止水分渗入毛细管中，因而能降低材料的吸水性。憎水性材料不仅可用作防水材料，而且还可用于亲水性材料的表面处理以降低其吸水性。

（二）吸水性

材料在浸水状态下吸入水分的能力称为吸水性。吸水性的大小，以吸水率表示。吸水率有质量吸水率和体积吸水率之分。

质量吸水率是指材料吸水饱和时其所吸收水分的质量占材料干燥时质量的百分率，可按下式计算：

$$W_{质} = \frac{m_{湿} - m_{干}}{m_{干}} \times 100\% \qquad (1\text{-}10)$$

式中：$W_质$——材料的质量吸水率（％）；

$m_湿$——材料吸水饱和后的质量（g）；

$m_干$——材料烘干到恒重的质量（g）。

体积吸水率是指材料体积内被水充实的程度，即材料吸水饱和时所吸收水分的体积占干燥材料自然体积的百分率，可按下式计算：

$$W_体 = \frac{V_水}{V_0} \times 100\% = \frac{m_湿 + m_干}{V_0} \cdot \frac{1}{\rho_{H_2O}}$$ （1-11）

式中：$W_体$——材料的体积吸水率（％）；

$m_水$——水材料在吸水饱和时水的体积（cm³）；

V_0——干燥材料在自然状态下的体积（cm³）；

ρ_{H_2O}——水的密度（g/cm³），在常温下 $\rho_{H_2O} = 1g/cm^3$。

质量吸水率与体积吸水率存在如下关系：

$$W_体 = W_质 \cdot \rho_0 \frac{1}{\rho_{H_2O}} = W_质 \cdot \rho_0$$ （1-12）

式中：ρ_0——材料干燥状态的表观密度（g/cm³）。

材料吸水性不仅取决于材料本身是亲水的还是憎水的，还与其孔隙率的大小及孔隙特征有关。封闭的孔隙实际上是不吸水的，只有那些开口而尤以毛细管连通的孔才是吸水最强的。粗大开口的孔隙，水分又不易存留，难以吸足水分，故材料的体积吸水率常小于孔隙率，这类材料常用质量吸水率表示它的吸水性。而对于某些轻质材料，如加气混凝土、软木等，由于具有很多开口而微小的孔隙，所以它的质量吸水率往往超过100%，即湿质量为干质量的几倍，在这种情况下，最好用体积吸水率表示其吸水性。

材料在吸水后，原有的许多性能会发生改变，如强度降低、表观密度加大、保湿性变差，甚至有的材料会因吸水发生化学反应而变质。因此，吸水率大对材料性能是不利的。

（三）吸湿性

材料在潮湿的空气中吸收空气中水分的性质，称为吸湿性。吸湿性的大小用含水率表示。材料所含水的质量占材料干燥质量的百分数，称为材料的含水率，可按下式计算：

$$W_含 = \frac{m_含 - m_干}{m_干} \times 100\%$$ （1-13）

式中：$W_含$——材料的含水率（％）；

$m_含$——材料含水时的质量（g）；

$m_干$——材料干燥至恒重时的质量（g）。

材料的含水率大小除与材料本身的特性有关外，还与周围环境的温度、湿度有关。气温越低、相对湿度越大，材料的含水率也就越大。当材料吸水达到饱和状态时的含水率即为吸水率。

材料随着空气湿度的变化，既能在空气中吸收水分，又可向外界扩散水分，最终将使材料中的水分与周围空气的湿度达到平衡，这时材料的含水率称为平衡含水率。平衡含水率并不是固定不变的，随环境温度和湿度的变化而改变。

（四）耐水性

材料长期在饱和水作用下而不破坏，其强度也不显著降低的性质称为耐水性。材料的耐水性用软化系数表示，可按下式计算：

$$K_软 = \frac{f_饱}{f_干} \qquad (1-14)$$

式中：$K_软$——材料的软化系数；

$f_饱$——材料在水饱和状态下的抗压强度（MPa）；

$f_干$——材料在干燥状态下的抗压强度（MPa）。

材料的软化系数反映了材料吸水后强度降低的程度，其值在 0 ~ 1 之间。$K_软$ 越小，耐水性越差，故 $K_软$ 值可作为处于严重受水侵蚀或潮湿环境下的重要结构物选择材料时的主要依据。处于水中的重要结构物，其材料的 $K_软$ 值应不小于 0.85 ~ 0.90；次要的或受潮较轻的结构物，其 $K_软$ 值应不小于 0.75 ~ 0.85；对于经常处于干燥环境的结构物，可不必考虑 $K_软$，通常认为 $K_软$ 大于 0.80 的材料是耐水材料。

（五）抗渗性

材料抵抗压力水渗透的性质称为抗渗性（或不透水性），可用渗透系数 K 表示。

达西定律表明，在一定时间内，透过材料试件的水量与试件的断面积及水头差（液压）成正比，与试件的厚度成反比，即：

$$W = K\frac{h}{d}At \text{或} K = \frac{Wd}{Ath} \qquad (1-15)$$

式中：K 渗透系数（cm/h）；

W——透过材料试件的水量（cm³）；

f——透水时间（h）；

A——透水面积（cm²）；

h——静水压力水头（cm）；

d——试件厚度（cm）。

渗透系数反映了材料抵抗压力水渗透的性质，渗透系数越大，材料的抗渗性越差。

建筑中大量使用的砂浆、混凝土等材料，其抗渗性用抗渗等级表示。抗渗等级用材料抵抗的最大水压力来表示，如 P6、P8、P10、P12 等，分别表示材料可抵抗 0.6MPa，0.8MPa、1.0MPa、1.2MPa 的水压力而不渗水。抗渗等级越大，材料的抗渗性越好。

材料抗渗性的好坏与材料的孔隙率和孔隙特征有密切关系。孔隙率很小而且是封闭孔隙的材料具有较高的抗渗性。对于地下建筑及水上构筑物，因常受到压力水的作用，故要求其材料具有一定的抗渗性；对于防水材料，则要求具有更高的抗渗性。材料抵抗其他液体渗透的性质，也属于抗渗性。

（六）抗冻性

材料在吸水饱和状态下，能经受多次冻结和融化作用（冻融循环）而不破坏，同时也不严重降低强度，质量也不显著减少的性质，称为抗冻性。一般建筑材料如混凝土抗冻性常用抗冻等级 F 表示。抗冻等级是以规定的试件在规定试验条件下，测得其强度降低不超过规定值，并无明显损坏和剥落时所能经受的冻融循环次数来确定的，用符号"F"加数字表示，其中数字为最大冻融循环次数。例如，抗冻等级 F10 表示在标准试验条件下，材料强度下降不大于 2 500，质量损失不大于 500，所能经受的冻融循环的次数最多为 10 次。

材料经多次冻融循环后，表面将出现裂纹、剥落等现象，造成质量损失、强度降低。这是由于材料内部孔隙中的水分结冰时体积增大，对孔壁产生很大压力，冰融化时压力又骤然消失所致。无论是冻结还是融化过程都会使材料冻融交界层间产生明显的压力差，并作用于孔壁使之遭损。对于冬季室外计算温度低于 -10° 的地区，工程中使用的材料必须进行抗冻试验。

材料抗冻等级的选择是根据建筑物的种类、材料的使用条件和部位、当地的气候条件等因素决定的。例如烧结普通砖、陶瓷面砖、轻混凝土等墙体材料，一般要求抗冻等级材料经多次冻融交替作用后，表面将出现剥落、裂纹，产生质量损失，强度也将会降低。冰冻对材料的破坏作用，是由于材料孔隙内的水结冰时体积膨胀（约增大 9%）而引起孔壁受力破裂所致。所以，材料抗冻性的高低，决定于材料的吸水饱和程度和材料对结冰时体积膨胀所产生的压力的抵抗能力。

抗冻性良好的材料，对于抵抗温度变化、干湿交替等破坏作用的性能也较强。所以，抗冻性常作为考察材料耐久性的一个指标。处于温暖地区的建筑物，虽无冰冻作用，但为抵抗大气的作用，确保建筑物的耐久性，有时对材料也提出一定的抗冻性要求。

三、材料的热工性能

在建筑中，建筑材料除了须满足必要的强度及其他性能要求外，为了节约建筑物的使用能耗以及为生产和生活创造适宜的条件，常要求材料具有一定的热性质以维持室内温度。常考虑的热性质有材料的导热性、热容量、保湿隔热性能和热变形性等。

（一）导热性

材料传导热量的能力称为导热性。材料导热能力的大小可用导热系数（λ）导热系数在数值上等于厚度为 1m 的材料，当其相对两侧表面的温度差为 1K 时，经单位面积（1m²）单位时间（1s）所通过的热量，可用下式表示：

$$\lambda = \frac{Q\delta}{At(T_2 - T_1)} \tag{1-16}$$

式中：λ——导热系数 $[W/(m \cdot K)]$；

Q——传导的热量（J）；

A——热传导面积（m²）；

δ——材料厚度（m）；

t——热传导时间（s）；

$T_2 - T_1$——材料两侧温差（K）。

材料的导热系数越小，绝热性能越好。各种建筑材料的导热系数差别很大，大致在 0.035 ~ 3.5 W/（m·K）之间。材料的导热系数与其内部孔隙构造有密切关系。由于密闭空气的导热系数很小，仅 0.023 W/（m·K），所以，材料的孔隙率较大者其导热系数较小，但如孔隙粗大而贯通，由于对流作用的影响，材料的导热系数反而增高。材料受潮或受冻后，其导热系数会大大提高，这是由于水和冰的导热系数比空气的导热系数高很多，分别为 0.58W/（m·K）和 2.20W/（m·K）。因此，绝热材料应经常处于干燥状态，以利于发挥材料的绝热性能。

（二）热容量

材料加热时吸收热量、冷却时放出热量的性质称为热容量。热容量大小用比热容（也称热容量系数，简称比热）表示。比热容表示 1g 材料温度升高 1K 时所吸收的热量，或降低 1K 时放出的热量。材料吸收或放出的热量和比热可由下式计算：

$$Q = cm(T_2 - T_1) \tag{1-17}$$

$$c = \frac{Q}{m(T_2 - T_1)} \tag{1-18}$$

式中：

Q——材料吸收或放出的热量（J）：

c——材料的比热 $[J/(g \cdot K)]$；

m——材料的质量（g）；

$T_2 - T_1$——材料受热或冷却前后的温差（K）。

比热是反映材料的吸热或放热能力大小的物理量。不同材料的比热不同，即使是同一种材料，由于所处物态不同，其比热也不同。例如，水的比热为 4.186J/（g·K），而结冰后比热则是 2.093J/（g·K）。c 与 m 的乘积，即 c 为材料的热容量值。采用热容量大的材料，对于保持室内温度具有很大意义。如果采用热容量大的材料做维护结构材料，能在热流变动或采暖设备供热不均匀时缓和室内的温度波动，不会使人有忽冷忽热的感觉。

（三）材料的保温隔热性能

在建筑工程中常把 $\frac{1}{\lambda}$ 称为材料的热阻，用 R 表示，单位为（m·K）/W。导热系数 λ 和热阻 R 都是评定建筑材料保温隔热性能的重要指标。人们常习惯把防止室内热量的散失称为保温，把防止外部热量的进入称为隔热，将保温隔热统称为绝热。

材料的导热系数越小，其热阻值越大，则材料的导热性能越差，其保温隔热性能越好，所以常将 $\lambda \leqslant 0.175\text{W}/$（m·K）的材料称为绝热材料。

（四）热变形性

材料的热变形性是指材料在温度变化时其尺寸的变化，一般材料均具有热胀冷缩这一自然属性。材料的热变形性，常用长度方向变化的线膨胀系数表示，土木工程总体上要求材料的热变形不要太大，对于像金属、塑料等热膨胀系数大的材料，因温度和日照都易引起伸缩，成为构件产生位移的原因，在构件接合和组合时都必须予以注意。对于有隔热保温要求的工程设计时，应尽量选用热容量（或比热）大、导热系数小的材料。

四、材料的声学性能

物体振动时，迫使邻近空气随着振动而形成声波，当声波接触到材料表面时，一部分被反射，一部分穿透材料，而其余部分则在材料内部的孔隙中引起空气分子与孔壁的摩擦和黏滞阻力，使相当一部分声能转化为热能而被吸收。被材料吸收的声能（包括穿透材料的声能在内）与原先传递给材料的全部声能之比，是评定材料吸声性能好坏的主要指标，称为吸声系数，用下式表示：

$$\alpha = \frac{E}{E_0} \qquad\qquad (1\text{-}19)$$

式中：α——材料的吸声系数；

　　　E——传递给材料的全部入射声能；

　　　E_0——被材料吸收（包括透过）的声能。

假如入射声能的 70% 被吸收，30% 被反射，则该材料的吸声系数 α 就等于 0.7。当入射声能 100% 被吸收而无反射时，吸声系数等于 1。一般材料的吸声系数在 0 ~ 1 之间，吸声系数越大，则吸声效果越好。只有悬挂的空间吸声体，由于有效吸声面积大于计算面积，可获得吸声系数大于 1 的情况。

为了全面反映材料的吸声性能，规定取 125Hz、250Hz、500Hzs、1000Hz、2000Hz、4000Hz 等 6 个频率的吸声系数来表示材料的特定吸声频率，则这 6 个频率的平均吸声系数大于 0.2 的材料，可称为吸声材料。

吸声材料能抑制噪声和减弱声波的反射作用。为了改善声波在室内传播的质量，保持良好的音响效果和减少噪声的危害，在进行音乐厅、电影院、大会堂、播音室等内部装饰时，应使用适当的吸声材料，在噪声大的厂房内有时也采用吸声材料。一般来讲，对同一种多孔材料，表观密度增大时（即空隙率减小时），对低频声波的吸声效果有所提高，而对高频吸声效果则有所降低。增加多孔材料的厚度，可提高对低频声波的吸声效果，而对高频声波则没有多大影响。材料内部孔隙越多、越细小，吸声效果越好。如果孔隙太大，则效果较差；如果材料总的孔隙大部分为单独的封闭气泡（如聚氯乙烯泡沫塑料），则因声波不能进入，从吸声机理上来讲，就不属多孔性吸声材料。当多孔材料表面涂刷油漆或材料吸湿时，则因材料表面的孔隙被水分或涂料所堵塞，使其吸声效果大大降低。

（二）材料的隔声性能

材料能减弱或隔断声波传递的性能称为隔声性能，人们要隔绝的声音按其传播途径有空气声（通过空气传播的声音）和固体声（通过固体的撞击或振动传播的声音）两种，两者隔声的原理不同。

对空气声的隔绝主要是依据声学中的"质量定律"，即材料的密度越大，越不易受声波作用而产生振动，因此，其声波通过材料传递的速度迅速减弱，其隔声效果越好，所以，应选用密度大的材料（如钢筋混凝土、实心砖等）作为隔绝空气声的材料。对固体声隔绝的最有效措施是断绝其声波继续传递的途径，即在产生和传递固体声波的结构（如梁、框架与楼板、隔墙以及它们的交接处等）层中加入具有一定弹性的衬垫材料，以阻止或减弱固体声波的继续传播。

结构的隔声性能用隔声量表示，隔声量是指入射与透过材料声能相差的分贝（dB）数。隔声量越大，隔声性能越好。

第二节 材料的力学性能

一、材料的强度、强度等级和比强度

（一）强度

材料可抵抗因外力（荷载）作用而引起破坏的最大能力，即为该材料的强度。其值是以材料受力破坏时单位受力面积上所承受的力表示的，其通式可写为

$$f = \frac{P}{A} \qquad (1\text{-}20)$$

式中：f——材料的强度（MPa）；

P——破坏荷载（N）；

A——受荷面积（mm²）。

材料抗拉、抗压和抗剪等强度按公式1-21计算；抗弯(折)强度的计算,按受力情况、截面形状等不同，方法各异。

$$f_m = \frac{3FL}{2bh^2} \qquad (1\text{-}21)$$

式中：

f_m——抗弯（折）强度（MPa）；

F——受弯时破坏荷载（N）；

L——两支点间的距离（mm）；

b——材料截面宽度（mm）；

h——材料截面高度（mm）。

材料的静力强度实际上只是在特定条件下测定的强度值。试验测出的强度值，除受材料的组成、结构等内在因素的影响外，还与试验条件有密切关系，如试件的形状、尺寸、表面状态、含水率、温度及试验时加荷速度等。为了使试验结果比较准确而且具有互相比较的意义，测定材料强度时必须严格按照统一的标准试验方法进行。

（二）强度等级

大部分建筑材料，根据其极限强度的大小，可划分为若干不同的强度等级。如砂浆按抗压强度分为 M20、M15、MIO、M7.5、M5.0、M2.5 这 6 个强度等级，普通水泥按抗压强度分为 32.5 ~ 62.5 等强度等级。将建筑材料划分为若干强度等级，对掌

握材料性能、合理选用材料、正确进行设计和控制工程质量都十分重要。

（三）比强度

对不同的材料强度进行比较，可以采用比强度。比强度是按单位质量计算的材料强度，其值等于材料的强度与其表观密度之比，它是衡量材料轻质高强的一个主要指标，优质结构材料的比强度应高。

二、材料的弹性和塑性

材料在外力作用下产生变形，当外力取消后，材料变形即可消失并能完全恢复原来形状的性质，称为弹性。这种当外力取消后瞬间内即可完全消失的变形，称为弹性变形。这种变形属于可逆变形，其数值的大小与外力成正比；其比例系数 $£$ 称为弹性模量。在弹性变形范围内，弹性模量 E 为常数，其值等于应力与应变的比值，弹性模量是衡量材料抵抗变形能力的一个指标，E 越大，材料越不易变形。

在外力作用下材料产生变形，如果取消外力后，仍保持变形后的形状尺寸并且不产生裂缝的性质，称为塑性。这种不能消失的变形，称为塑性变形（或永久变形）。

许多材料受力不大时，仅产生弹性变形；受力超过一定限度后，即产生塑性变形。如建筑钢材，当外力值小于弹性极限时，仅产生弹性变形；当外力大于弹性极限后，则除了弹性变形外，还产生塑性变形。有的材料在受力时，弹性变形和塑性变形同时产生，如果取消外力，则弹性变形可以消失而其塑性变形则不能消失，称为弹塑性材料，普通混凝土硬化后可看作典型的弹塑性材料。

三、材料的脆性和韧性

在外力作用下，当外力达到一定限度后，材料突然破坏而又无明显的塑性变形的性质，称为脆性。脆性材料抵抗冲击荷载或震动作用的能力很差。其抗压强度比抗拉强度高得多，如混凝土、玻璃、砖、石、陶瓷等。

在冲击、震动荷载作用下，材料能吸收较大的能量，产生一定的变形而不致被破坏的性能，称为韧性。如建筑钢材、木材等属于韧性较好的材料。建筑工程中，对于要承受冲击荷载和有抗震要求的结构，其所用的材料都要考虑材料的冲击韧性。

四、材料的硬度和耐磨性

硬度是材料表面能抵抗其他较硬物体压入或刻画的能力。不同材料的硬度测定方法不同。按刻画法，矿物硬度分为 10 级（莫氏硬度）。其硬度递增的顺序依次为：滑石、石膏、方解石、萤石、磷灰石、正长石、石英、黄玉、刚玉、金刚石。木材、混凝土、钢材等的硬度常用钢球压入法测定（布氏硬度 *HB*）。一般来说，硬度大的材料耐磨性较强，但不易加工。耐磨性是材料表面抵抗磨损的能力。建筑工程中，用于道路、地面、踏步等部位的材料，均应考虑其硬度和耐磨性。一般来说，强度较高且密实的材料，其硬度较大、耐磨性较好。

第三节　材料的耐久性

建筑材料除应满足各项物理、力学的功能要求外，还必须经久耐用，反映这一要求的性质称为耐久性。耐久性是指材料在内部和外部多种因素作用下，长久地保持其使用性能的性质。

影响材料耐久性的因素是多种多样的，除材料内在原因使其组成、构造、性能发生变化以外，还要长期受到使用条件及各种自然因素的作用，这些作用可概括为以下几方面：

一、物理作用

包括环境温度、湿度的交替变化，即冷热、干湿、冻融等循环作用。材料在经受这些作用后，将发生膨胀、收缩或产生内应力，长期的反复作用将使材料变形、开裂甚至破坏。

二、化学作用

包括大气和环境水中的酸、碱、盐或其他有害物质对材料的侵蚀作用，以及日光、紫外线等对材料的作用，使材料发生腐蚀、碳化、老化等而逐渐丧失使用功能。

三、机械作用

包括荷载的持续作用，交变荷载对材料引起的疲劳、冲击、磨损等。

四、生物作用

包括菌类、昆虫等的侵害作用，导致材料发生腐朽、虫蛀等而破坏。

一般矿物质材料如石材、砖瓦、陶瓷、混凝土等，暴露在大气中时，主要受到大气的物理作用；当材料处于水位变化区或水中时，还受到环境水的化学侵蚀作用。金属材料在大气中易被锈蚀；沥青及高分子材料在阳光、空气及辐射的作用下，会逐渐老化、变质而破坏。影响材料耐久性的外部因素往往通过其内部因素而发生作用，与材料耐久性有关的内部因素主要是材料的化学组成、结构和构造的特点。当材料含有易与其他外部介质发生化学反应的成分时，就会造成因其抗渗性和耐腐蚀能力差而引起破坏。

对材料耐久性最可靠的判断，是对其在使用条件下进行长期的观察和测定，但这需要很长的时间，往往满足不了工程的需要。所以常常根据使用要求，用一些实验室可测定又能基本反映其耐久性特性的短时试验指标来表达。如：常用软化系数来反映材料的耐水性；用实验室的冻融循环（数小时一次）试验得出的抗冻等级来反映材料的抗冻性；采用较短时间的化学介质浸渍来反映实际环境中的水泥石长期腐蚀现象等。

为了提高材料的耐久性，以利于延长建筑物的使用寿命和减少维修费用，可根据使用情况和材料特点，采取相应的措施。如设法减轻大气或周围介质对材料的破坏作用（如降低湿度、排除侵蚀性物质等），提高材料本身对外界作用的抵抗能力（如提高材料的密实度、采取防腐措施等），也可用其他材料保护主体材料免受破坏（如覆面、抹灰、刷涂料等）。

第四节　材料的建筑石材

一、天然岩石的基本知识

岩浆岩又称火成岩，是地壳内的熔融岩浆在地下或喷出地面后冷凝而成的岩石。根据冷却条件的不同，岩浆岩可分为以下三种：

（一）砌筑用石材

1. 深成岩

深成岩是地表深处岩浆受上部覆盖层的压力作用，缓慢均匀地冷却而形成的岩石。其特点是结晶完全、晶粒粗大、结构致密、表观密度大、抗压强度高、吸水率小。抗冻性和耐久性好。深成岩中有花岗岩、正长岩、闪长岩、辉长岩等。

2. 喷出岩

喷出岩是岩浆喷出地表后，在压力骤减和迅速冷却的条件下形成的岩石。其特点是结晶不完全，多呈细小结晶或玻璃质结构，岩浆中所含气体在压力骤减时会在岩石中形成多孔构造。建筑中用到的喷出岩有玄武岩、辉绿岩、安山岩等。

3. 火山岩

火山岩是火山爆发时岩浆被喷到空中，在压力骤减和急速冷却条件下形成的多孔散粒状岩石。有多孔玻璃质结构且表观密度小的散粒状火山岩，如火山灰、火山渣、浮石等；也有因散粒状火山岩堆积而受到覆盖层压力作用并凝聚成大块的胶结火山岩，如火山凝灰岩。

（二）沉积岩

沉积岩也称水成岩，是各种岩石经风化、搬运、沉积和再造作用而形成的岩石。沉积岩呈层状构造，孔隙率和吸水率较大，强度和耐久性较岩浆岩低。沉积岩按照生成条件分为机械沉积岩、生物沉积岩和化学沉积岩三种。

1. 机械沉积岩

机械沉积岩是风化破碎后的岩石又经风、雨、河流及冰川等搬运、沉积、重新压实或胶结而成的岩石。主要有砂岩、砾岩和页岩等，其中常用的是砂岩。

2. 生物沉积岩

生物沉积岩是由各种有机体死亡后的残骸沉积而成的岩石，如硅藻土等。

3. 化学沉积岩

化学沉积岩是由溶解于水中的矿物经聚积、反应、结晶、沉积而成的岩石，如石膏、白云石、菱镁矿等。

（三）变质岩

变质岩是地壳中原有的各种岩石，在地层的压力和温度的作用下，原岩石在固体状态下发生再结晶的作用，而使其矿物成分、结构构造以至化学成分部分或全部改变而形成的新岩石。根据原岩石的种类不同，可分为两种：

1. 正变质岩

由岩浆岩变质而成，性能一般较原岩浆岩差，如片麻岩。

2. 副变质岩

由沉积岩变质而成，性能一般较原沉积岩好，如大理岩、石英岩等。大理岩结构致密，表观密度大，硬度不大，纯的为雪白色，磨光后美观。石英岩呈晶体结构，致密，强度大，耐久性好，但硬度大，加工困难。

二、天然石材的技术性质

天然石材的技术性质，可分为物理性质、力学性质和工艺性质。

（一）物理性质

1. 表观密度

石料表观密度的大小常间接反映出石材的致密程度及孔隙多少。表观密度大于 1800kg/m³ 的石材，称为重质石材，主要用作建筑物的基础、地面、路面、桥梁、挡土墙及水工构筑物等；表观密度小于或等于 1800kg/m³ 的石材，称为轻质石材，主要用作墙体材料等。

2. 吸水性

吸水率低于 1.5% 的岩石称为低吸水性岩石。吸水率介于 1.5% ~ 3% 的岩石称为中吸水性岩石。吸水率高于 3.0% 的岩石称为高吸水性岩石。

石材的吸水性对其强度与耐水性有很大影响。石材吸水后，会降低颗粒之间的黏结力，从而使强度降低。有些岩石还容易被水溶蚀，其耐水性也较差。

3. 耐水性

岩石中含有较多的黏土或易溶物质时，软化系数则较小，其耐水性较差。根据软化系数大小，可将石材分为高、中、低三个等级。软化系数＞ 0.9 为高耐水性；软化系数在 0.75 ~ 0.9 之间为中耐水性；软化系数在 0.6 ~ 0.75 之间为低耐水性；软化系数＜ 0.6 者，则不允许用于重要建筑物中。

4. 抗冻性

石材抗冻性与吸水性有密切的关系，吸水率大的石材其抗冻性也差。根据经验，吸水率＜ 0.5% 的石材，则认为是抗冻的。

5，耐热性

（二）力学性质

天然石材的力学性质主要包括：抗压强度、冲击韧度、硬度及耐磨性等。

1. 抗压强度

石材的抗压强度是以三个边长为 70mm 的正立方体试块的抗压破坏强度的平均值表示。根据抗压强度的大小，石材共分九个强度等级：MU100、MU80、MU60. MU50、MU40、MU30、MU20、MU15、MU10。

2. 冲击韧度

石材的冲击韧度取决于岩石的矿物组成与构造。通常，晶体结构的岩石较非晶体结构的岩石具有较高的韧性。石英岩、硅质砂岩脆性较大。含暗色矿物较多的辉长岩、辉绿岩等具有较高的韧性。

3. 硬度

它取决于组成石材矿物的硬度与构造。凡由致密、坚硬矿物组成的石材，其硬度就高。岩石的硬度以莫氏硬度表示。

4. 耐磨性

耐磨性是指石材在使用条件下抵抗摩擦、边缘剪切以及冲击等复杂作用的能力。石材的耐磨性包括耐磨损与耐磨耗两方面。凡是用于可能遭受磨损作用的场所，例如台阶、人行道、地面、楼梯踏阶等和可能遭受磨耗作用的场所，应采用具有高耐磨性的石材。

（三）工艺性质

石材的工艺性质，主要指其开采和加工过程的难易程度及可能性，包括加工性、磨光性与抗钻性等。由于用途和使用条件的不同，对石材的性质及其所要求的指标均有所不同。工程中用于基础、桥梁、隧道以及石砌工程的石材，一般规定其抗压强度、抗冻性与耐水性必须达到一定指标。

三、常用建筑石材

建筑上使用的天然石材常加工为散粒状、块状，形状规则的石块、石板，形状特殊的石制品等。

（一）砌筑用石材

石砌体采用的石材应质地坚实，无风化剥落和裂纹。用于清水墙、柱表面的石材，尚应色泽均匀。石材表面的污垢、水锈等杂质，砌筑前应清除干净。石材按其加工后的外形规则程度，可分为料石和毛石。

1. 料石

料石是用毛料加工成较为规则的，具有一定规格的六面体石材。按料石表面加工的平整程度可分为以下四种：毛料石、粗料石、半细料石和细料石。

料石常用致密的砂岩、石灰岩、花岗岩等开采凿制，至少应有一个面的边角整齐，以便相互合缝。料石常用于砌筑墙身、地坪、踏步、拱和纪念碑等；形状复杂的料石制品可用于柱头、柱基、窗台板、栏杆和其他装饰品等。

2. 毛石

毛石是在采石场爆破后直接得到的形状不规则的石块。按其表面的平整程度分为乱毛石和平毛石两类。乱毛石是指形状不规则的石块；平毛石是指形状不规则，但有两个平面大致平行的石块。毛石应呈块状，一般要求石块中部厚度不小于 150mm，长度为 300 ~ 400mm，质量约为 20 ~ 30kg，其强度不宜小于 10MPa，软化系数不应小于 0.75。常用于砌筑基础、勒脚、墙身、堤坝、挡土墙等，也可用于配制片石混凝土等。

（二）板材

石材板材是天然岩石经过荒料开采、锯切、磨光等加工过程制成的板状装饰面材。石材板材具有构造致密、强度大的特点，因此具有较强的耐潮湿、耐候性，是地面、台面装修的理想材料。按照形状分为普通型板材和异型板材；根据表面加工程度分为粗面板材、细面板材、镜面板材三类。

在日常生活中较为常见的石材板材是大理石板材和花岗石板材。

大理石板材——是用大理石荒料经锯切、研磨、抛光等加工而成的石板。大理石板材主要用于建筑物室内饰面。大理石抗风化能力差，易受空气中二氧化硫的腐蚀，而使表面层失去光泽，变色并逐渐破损，故较少用于室外。通常，只有汉白玉、艾叶青等少数几种致密、质纯的品种可用于室外。

花岗石板材——是由火成岩中的花岗岩、闪长岩、辉长岩、辉绿岩等荒料加工而成的石板。该类板材的品种、质地、花色繁多。由于花岗石板材质感丰富，具有华丽高贵的装饰效果，且质地坚硬，耐久性好，所以是室内外高级饰面材料。可用于各类高级建筑物的墙、柱、地、楼梯、台阶等的表面装饰及服务台、展示台及家具等。

（三）颗粒状石材

1. 碎石

碎石指天然岩石或卵石经过机械破碎，筛分制成的，粒径大于 4.75mm 的颗粒状石料，主要用于配制混凝土以及作为道路及基础垫层、铁路路基、庭院和室内水景用石。

2. 卵石

卵石指母岩经自然条件风化、磨蚀、冲刷等作用而形成的表面较光滑的颗粒状石料。用途同碎石，也可以作为装饰混凝土骨料。

3. 石渣

它是将天然大理石及其他天然石材破碎后加工而成。具有多种光泽，常用作人造大理石、水磨石、斩假石、水刷石、干黏石的骨料。石渣应颗粒坚硬，有棱角、洁净，不含有风化的颗粒，使用时要冲刷干净。

（四）石材选用原则

在建筑设计和施工中，应根据适用性和经济性等原则选用石材。

1. 适用性

主要考虑石材的技术性能是否能满足使用要求。可根据石材在建筑物中的用途和部位及所处环境，选定主要技术指标能满足要求的岩石。

2. 经济性

天然石材的密度大，运输不便、运费高，应综合考虑地方资源，尽可能做到就地取材。难于开采和加工的石料，将使材料成本提高，选材时应注意。

3.安全性

由于天然石材是构成地壳的基本物质，因此可能存在含有放射性的物质。石材中的放射性物质主要是指镭、社等放射性元素，在衰变中会产生对人体有害的物质。

四、人造石材

人造石材具有天然石材的花纹、质感和装饰效果，而且花色、品种、形状等多样化，并具有质量轻，强度高，耐腐蚀，耐污染，施工方便等优点。目前常用的人造石材有下述四类。

（一）水泥型人造石材

以白色、彩色水泥或硅酸盐、铝酸盐水泥为胶结料，砂为细骨料，碎大理石、花岗石或工业废渣等为粗骨料，必要时再加入适量的耐碱颜料，经配料、搅拌、成型和养护后，再进行磨平抛光而制成，如各种水磨石制品。该类产品的规格、色泽、性能等均可根据使用要求制作。

（二）聚酯型人造石材

以不饱和聚酯为胶结料，加入石英砂、大理石渣、方解石粉等无机填料和颜料，经配制、混合搅拌、浇筑成型、固化、烘干、抛光等工序而制成。

目前，国内外人造大理石、花岗石以聚酯型为多，该类产品光泽好、颜色浅，可调配成各种鲜明的花色图案。不饱和聚酯的黏度低，易于成型，且在常温下固化较快，便于制作形状复杂的制品。与天然大理石相比，聚酯型人造石材具有强度高、密度小、厚度薄、耐酸碱腐蚀及美观等优点。但其耐老化性能不及天然花岗石，故多用于室内装饰。

（三）复合型人造石材

该类人造石材，是由无机胶结料和有机胶结料共同组合而成。例如，在廉价的水泥型板材上复合聚酯型薄层，组成复合型板材，以获得最佳的装饰效果和经济指标；也可将水泥型人造石材浸渍于具有聚合性能的有机单体中并加以聚合，以提高制品的性能和档次。有机单体可用苯乙烯、甲基丙烯酸甲酯、醋酸乙烯酯、丙烯腈、二氯乙烯、丁二烯等。

（四）烧结型人造石材

这种石材是把斜长石、石英、辉石石粉和赤铁矿以及高岭土等混合成矿粉，再配以 40% 左右的黏土混合制成泥浆，经制坯、成型和艺术加工后，再经 1000℃左右的高温焙烧而成。如仿花岗石瓷砖、仿大理石陶瓷艺术板等。

第二章 建筑钢材的要素

第一节 钢材的分类及化学成分影响

一、钢材的分类

（一）按化学成分分类

1. 碳素钢

碳素钢的主要成分是铁，其次是碳，此外还有少量的硅、锰、磷、硫、氧、氮等微量元素。碳素钢根据含碳量的高低，又分为低碳钢（含碳量小于 0.25%），中碳钢（含碳量 0.25% ~ 0.6%）、高碳钢（含碳量大于 0.6%）。

2. 合金钢

合金钢在碳素钢的基础上加入一种或多种改善钢材性能的合金元素，如硅、锰、钒、钛等。合金钢根据合金元素的总含量，又分为低合金钢（合金元素总量小于 5%）、中合金钢（合金元素总量 5% ~ 10%）、高合金钢（合金元素总量大于 10%）。

（二）按冶炼时脱氧程度不同分类

钢在冶炼过程中，不可避免地产生部分氧化铁并残留在钢水中，降低了钢的质量，因此在铸锭过程中要进行脱氧处理。脱氧的方法不同，钢材的性能就有所差异，因此钢材又分为沸腾钢、镇静钢和特殊镇静钢。

1. 沸腾钢

一般用弱脱氧剂锰、铁进行脱氧，脱氧不完全，钢液冷却凝固时有大量 CO 气体外逸，引起钢液沸腾，故称为沸腾钢。沸腾钢内部的气泡和杂质较多，化学成分和力学性能不均匀，因此，沸腾钢质量较差，但成本低，可用于一般的建筑结构。

2. 镇静钢

一般用硅脱氧，脱氧完全，钢液浇注后平静地冷却凝固，基本无 CO 气泡产生。

镇静钢均匀密实，机械性能好，品质好，但成本高。镇静钢可用于承受冲击荷载的重要结构。

3.特殊镇静钢

比镇静钢脱氧程度更充分彻底的钢，故称为特殊镇静钢，特殊镇静钢的质量最好，适用于特别重要的结构工程。

（三）按品质（杂质含量）分类

根据钢材中硫、磷等有害杂质含量的不同，可分为普通优质钢和高级优质钢。

（四）按用途分类

钢材按用途不同可分为结构钢（主要用于工程构件及机械零件）、工具钢（主要用于各种刀具、量具及磨具）、特殊钢（具有特殊物理、化学或机械性能，如不锈钢、耐热钢、耐磨钢等，一般为合金钢）。

建筑上常用的是普通碳素钢中的低碳钢和普通合金钢中的低合金钢。

二、钢的化学成分对钢材性能的影响

钢材中除铁、碳外，由于原料、燃料、冶炼过程等因素使钢材中存在大量的其他元素，如硅、氧、硫、磷、氮等，合金钢是为了改性而有意加入一些元素，如锰、硅、钮、钛等，这些元素的存在，对钢的性能都要产生一定的影响。

（一）碳

碳是决定钢材性质的主要元素。随着含碳量的增加，钢材的强度和硬度相应提高，而塑性和韧性相应降低。当含碳量超过 1% 时，钢材的极限强度开始下降，此外，含碳量过高还会增加钢的冷脆性和时效敏感性，降低抗大气腐蚀性和可焊性。

（二）硅

硅是我国钢材中的主加合金元素，它的主要作用是提高钢材的强度，而对钢的塑性及韧性影响不大，特别是当含量较低（小于 1%）时，对塑性和韧性基本上无影响。

（三）锰

锰是我国低合金钢的主加合金元素，含量在 1% ~ 2% 范围内。锰可提高钢的强度和硬度，还可以起到去硫脱氧作用，从而改善钢的热加工性质。但锰含量较高时，将显著降低钢的可焊性。

（四）磷

磷与碳相似，能使钢的屈服点和抗拉强度提高，塑性和韧性下降，显著增加钢的冷脆性。磷的偏析较严重，焊接时焊缝容易产生冷裂纹，所以磷是降低钢材可焊性的元素之一，但磷可使钢的耐磨性和耐腐蚀性提高。

（五）硫

硫在钢中以 FeS 形式存在。FeS 是一种低熔点化合物，当钢材在红热状态下进行加工和焊接时，FeS 已熔化，使钢的内部产生裂纹，这种在高温下产生裂纹的特性称为热脆性。热脆性大大降低了钢的热加工性和可焊性。此外，硫偏析较严重，会降低冲击韧性、疲劳强度和抗腐蚀性，因此在碳钢中，硫也要严格限制其含量。

（六）氮

氮对钢材性能的影响与磷相似，随着氮含量的增加，可使钢材的强度提高，塑性特别是韧性显著降低，可焊性变差，冷脆性加剧。氮在铝、铌、钒等元素的配合下可以减少其不利影响，改善钢材性能，可作为低合金钢的合金元素使用。

（七）氧

氧是钢中的有害元素。随着氧含量的增加，钢材的强度有所提高，但塑性特别是韧性显著降低，可焊性变差。氧的存在会造成钢材的热脆性。

第二节　建筑钢材的主要技术性能

一、拉伸性能

钢材的强度可分为拉伸强度、压缩强度、弯曲强度和剪切强度等几种。通常以拉伸强度作为最基本的强度值。

拉伸强度由拉伸试验测出低碳钢（软钢）是广泛使用的一种材料，它在拉伸试验中表现的力和变形关系比较典型，下面着重介绍。

在试件两端施加一缓慢增加的拉伸荷载，观察加荷过程中产生的弹性变形和塑性变形，直至试件被拉断为止。

低碳钢在外力作用下的变形一般分为四个阶段：弹性阶段、屈服阶段、强化阶段和颈缩阶段，如图 2-1（a）。

高碳钢（硬钢）与中碳钢的拉伸曲线形状与低碳钢不同，屈服现象不明显，因此这类钢材的屈服强度常用残余伸长应力 $\rho_{0.2}$ 表示，如图 2-1（b）所示。

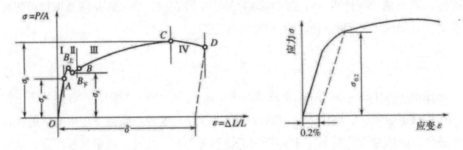

图2-1　拉伸时 ρ-ε 曲线

（一）弹性阶段

从图 2-1（a）中可看出，荷载较小，应力与应变成正比，OA 是一条直线，此阶段产生的变形是弹性变形，A 点的应力叫作弹性极限（ρ_p），在弹性极限范围内应力 ρ 和应变 ε 的比值，称为弹性模量，用符号 E 表示，单位：MPa。

$$E = \frac{\rho}{\varepsilon} = \tan\alpha \tag{2-1}$$

（二）屈服阶段

在 AB 范围内，应力与应变不再成正比关系，钢材在静荷载作用下发生了弹性变形和塑性变形。当应力达到 $B_上$点时，即使应力不再增加，塑性变形仍明显增长，钢材出现了"屈服"现象。图中 $B_下$点对应的应力值 ρ_s 被规定为屈服点（或称屈服强度）。钢材受力达到屈服点以后，变形即迅速发展，尽管尚未破坏，但已不能满足使用要求。故设计中一般以屈服点 ρ_s 作为强度取值的依据。

（三）强化阶段

在 BC 阶段，钢材又恢复了抵抗变形的能力，故称强化阶段。其中 C 点对应的应力值称为极限强度，又叫抗拉强度，用 ρ_b 表示。

（四）颈缩阶段

过 C 点后，钢材抵抗变形的能力明显降低，在受拉试件的某处，迅速发生较大的塑性变形，出现"颈缩"现象，直至 D 点断裂。

根据拉伸图可以求出材料的强度与塑性指标。

屈服强度和抗拉强度是衡量钢材强度的两个重要指标，也是设计中的重要依据。

在工程中，希望钢材不仅具有高的 ρ_s，并且应具有一定的"屈强比"（即屈服强度与抗拉强度的比值，用 ρ_s/ρ_b 表示）。屈强比是反映钢材利用率和安全可靠程度的一个指标。

在同样抗拉强度下屈强比小，说明钢材利用的应力值小（即 ρ_s 小），钢材在偶然超载时不会破坏，但屈强比过小，钢材的利用率低，是不经济的。适宜的屈强比一般应为 0.60～0.75，如 Q235 碳素结构钢屈强比一般为 0.58～0.63，低合金钢为 0.65～0.75，合金结构钢为 0.85 左右。

中碳钢与高碳钢（硬钢）的拉伸曲线形状与低碳钢不同，屈服强度不明显，因此这类钢材的屈服强度常用规定残余伸长应力 $\rho_{0.2}$。

钢材的塑性指标有两个，都是表示外力作用下产生塑性变形的能力。一是伸长率（即标距的伸长与原始标距的百分比），二是断面收缩率（即试件拉断后，颈缩处横截面积的最大缩减量与原始横截面积的百分比）。伸长率用 δ 表示，断面收缩率用 ψ 表示：

$$\delta = \frac{L_1 - L_0}{L_0} \times 100\% \tag{2-2}$$

$$\psi = \frac{A_1 - A_n}{A_0} \times 100\% \tag{2-3}$$

式中：L_0——试件标距原始长度，mm；

L_1——试件拉断后标距长度，mm；

A_0——试件原始截面积，mm^2；

A_n——试件拉断时断口截面积，mm^2。

塑性指标中，伸长率 δ 的大小与试件尺寸有关，常用的试件计算长度规定为其直径的 5 倍或 10 倍，伸长率分别用 δ_5 或 δ_{10} 表示。通常以伸长率 δ 的大小来表示区别塑性的好坏。δ 越大表示塑性越好 $\delta > 2\%\sim5\%$ 的称为塑性材料，如铜、铁等；$\delta < 2\%\sim5\%$ 的称为脆性材料，如铸铁等。低碳钢的塑性指标平均值 $\delta > \approx15\%\sim30\%$，断面收缩率 $\psi \approx 60\%$。

对于一般非承重结构或由构造决定的构件，只要保证钢材的抗拉强度和伸长率即能满足要求；对于承重结构则必须具有抗拉强度、伸长率、屈服强度三项指标合格的保证。

二、冷弯性能

冷弯性能是指钢材在常温下承受弯曲变形的能力。冷弯是通过检验试件经规定的弯曲强度后，弯曲处拱面及两侧面有无裂纹、起层、鳞落和断裂等情况进行评定的，一般用弯曲角度 α 以及弯曲压头直径 D 与钢材的厚度（或直径）d 的比值来表示，弯曲角度越大，D 与 d 的比值越小，表示冷弯性能越好。

冷弯也是检验钢材塑性的一种方法，并与伸长率存在有机的联系，伸长率大的钢材，其冷弯性能必然好，但冷弯检验对钢材塑性的评定比拉伸试验更严格、更敏感。冷弯有助于暴露钢材的某些缺陷，如气孔、杂质和裂纹等，在焊接时，局部脆性及接头缺陷都可通过冷弯而发现，所以也可以用冷弯的方法来检验钢的焊接质量。对于重要结构和弯曲成型的钢材，冷弯必须合格。

冲击韧性是指钢材抵抗冲击荷载而不破坏的能力。规范规定是以刻槽的标准试件，在冲击试验的摆锤冲击下，以破坏后缺口处单位面积上所消耗的功来表示，符号 α_K，单位 J。α_K 越大，冲断试件消耗的能量或者说钢材断裂前吸收的能量越多，说明钢材的韧性越好。

钢材的冲击韧性与钢材的化学成分、冶炼与加工有关。一般来说，钢中的磷 P、硫 S 含量，夹杂物质以及焊接中形成的微裂纹等都会降低冲击韧性。

此外，钢材的冲击韧性还受温度和时间的影响。常温下，随着温度的降低，冲击韧性降低得很小，此时破坏的钢件断口呈韧性断裂状；当温度降低至某一温度范围时，α_K 突然发生明显下降，钢材开始呈脆性断裂，这种性质称为冷脆性，发生冷脆性时的温度（范围）称为脆性临界温度（范围）。低于这一温度时，降低趋势又缓和，但此时 α_K 值很小。

在北方严寒地区选用钢材时，必须对钢材的冷脆性进行评定，此时选用的钢材脆性临界温度应比环境最低温度低些。由于脆性临界温度的测定工作复杂，规范中通常是根据修气温条件规定 $-20℃$ 或 $-40℃$ 的负温冲击值指标。

三、施可焊性

焊接是使钢材组成结构的主要形式。焊接的质量取决于焊接工艺、焊接材料及钢的可焊性能。

可焊性是指在一定的焊接工艺条件下，在焊缝及附近过热区是否产生裂缝及硬脆倾向，焊接后的力学性能，特别是强度是否与原钢材相近的性能。

钢的可焊性主要受化学成分及其含量的影响，当含碳量超过 0.3%、硫和杂质含最高及合金元素含量较高时，钢材的可焊性能降低。

一般焊接结构用钢应选用含碳量较低的氧气转炉或平炉的镇静钢，对于高碳钢及合金钢，为了改善焊接后的硬脆性，焊接时一般要采用焊前预热及焊后热处理等措施。

第三节　钢材的冷加工、时效及应用

钢材在常温下超过弹性范围后，产生塑性变形，强度和硬度提高，塑性和韧性下降的现象称为冷加工强化。

如图 2-2 所示，钢材的应力 - 应变曲线为 OBKCD，若钢材被拉伸至 K 点时，放松拉力，则钢材将恢复至 O′ 点，此时重新受拉后，其应力应变曲线将为 O′$K_1C_1D_1$，新的屈服点将比原屈服点提高，但伸长率降低。在一定范围内，冷加工变形程度越大，屈服强度提高越多，塑性和韧性降低越多。

钢材经冷加工后随时间的延长，强度、硬度提高，塑性、韧性下降的现象称为时效。钢材在自然条件下的时效时非常缓慢的，若经过冷加工或使用中经常受到振动、冲击荷载作用时，时效将迅速发展。钢材经冷加工后在常温下搁置 15—20 d 或加热至 100—200℃保持 2 h 左右，钢材的屈服强度、抗拉强度及硬度都进一步提高，而塑性、韧性继续降低直至完成时效过程，前者称为自然时效，后者称为人工时效。如图 2-2 所示，经冷加工和时效后，其应力 - 应变曲线为 O′$K_1C_1D_1$，此时屈服强度（K_1）和抗拉强度（C_1）比时效前进一步提高。一般强度较低地钢材采用自然时效，而强度较高的钢材采用人工时效。

因时效导致钢材性能改变的程度称为时效敏感性。时效敏感性大的钢材，经时效后，其韧性、塑性改变较大。因此，承受振动、冲击荷载作用的重要结构（如吊车梁、桥梁等），应选用时效敏感性小的钢材。建筑用钢筋，常利用冷加工、时效作用来提高其强度，增加钢材的品种规格，节约钢材。

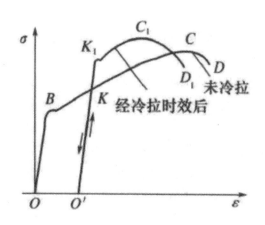

图2-2　筋冷拉曲线

第四节　建筑钢材的标准与选用

一、建筑钢材的主要钢种

目前国内建筑工程所用钢材主要是碳素结构钢和低合金高强度结构钢。

（一）碳素结构钢

（国家标准《碳素结构钢》（GB/T 700—2006）规定，）钢的牌号由代表屈服强度的字母、屈服强度数值、质量等级符号、脱氧方法等四部分按顺序组成。其中"Q"代表屈服点；屈服强度数值共分 195，215，235 和 275 MPa 四种；质量等级根据硫、磷等杂质含量由多到少分为四级分别以 A，B，C，D 符号表示；脱氧方法以 F 表示沸腾钢、Z 和 TZ 表示镇静钢和特殊镇静钢；Z 和 TZ 在钢的牌号中予以省略。

（二）低合金高强度结构钢

国家标准《低合金高强度结构钢》（GB/T 1591—2008）规定，其牌号的表示方法由屈服强度字母、屈服强度数值、质量等级三个部分组成。其中代表屈服强度；屈服强度数值共分 345，390，420，460，500，550，620 和 690MPa 八种；质量等级分 A，B，C，D，E 五级。

二、常用建筑钢材

（一）热轧钢筋

热轧钢筋主要有用低碳钢轧制的光圆钢筋和用合金钢轧制的带肋钢筋两类。

1. 热轧钢筋的标准与性能

国家标准《钢筋混凝土用钢第一部分：热轧光圆钢筋》（GB 1499.1-2008）规定，热轧光圆钢筋牌号用 HPB 和屈服强度的特征值表示，它的牌号 HPB300。

国家标准《钢筋混凝土用钢第二部分：热轧带肋钢筋》（GB 1499.2-2007）规定，热轧带肋钢筋分为两种：普通热轧带肋钢筋和细晶粒热轧钢筋。

普通热轧带肋钢筋的牌号用 HRB 和钢材的屈服强度特征值表示，牌号分别为 HRB 335，HKB 400，HRB 500。其中 H 表示热轧，R 表示带肋，B 表示钢筋，后面的数字表示屈服强度特征值。

细晶粒热轧带肋钢筋的牌号用 HRBF 和钢材的屈服强度特征值表示，牌号分别为 HRBF 335.HRBF 400.HRBF 500。其中 H 表示热轧，R 表示带肋，B 表示钢筋，F 表示细晶粒，后面的数字表示屈服强度特征值。

（二）应用

热轧光圆钢筋属于低碳钢，具有塑性好、伸长率高、便于弯折成形、容易焊接等特点。可用作构件和结构的构造钢筋，中、小型钢筋混凝土结构的主要受力钢筋，钢、木结构的拉杆等。盘条钢筋还可作为冷拔低碳钢丝的原料。

普通热轧带肋钢筋是用中碳低合金镇静钢轧制，在钢中加入一定含量的微合金元素（NB，V，Ti），通过沉淀强化、细化晶粒的方式提高钢筋的力学工艺性能。其强度较高，塑性较好，焊接性能比较理想。钢筋表面轧有通长的纵筋（也可不带纵筋）和均匀分布的横肋，从而可加强钢筋与混凝土间的黏结。适用于大、中型普通钢筋混凝土结构工程的受力钢筋，还可作为预应力混凝土用热处理钢筋的原料。

细晶粒热轧带肋钢筋的生产工艺是在热轧过程当中进行控制轧制温度和冷却速度，得到细晶粒组织，其 C，Si，Mn，S，P 五大元素的化学成分以及力学性能与普通热轧带肋钢筋完全相同，因为减少微合金元素的用量，可节约资源，降低生产成本，为在我国推广 400，500 级高强度钢筋开辟了新的途径。

（二）冷轧带肋钢筋

冷轧带肋钢筋是用低碳钢热轧圆盘条经冷轧后，在其表面带有沿长度方向均匀分布的二面或三面横肋的钢筋。

国家规定《冷轧带肋钢筋》（GB 13788—2008）规定：冷轧带肋钢筋代号由 CRB 和钢筋的抗拉强度最小值构成。C，R，B 分别为冷轧（Cold rolled）、带肋（Ribbed）、钢筋（Bar）三个词的英文首位字母。冷轧带肋钢筋分为 CRB 550，CRB 650，CKB 800，CRB 970 四个牌号。CRB 550 为普通钢筋混凝土用钢筋，其他牌号为预应力混凝土用钢筋。CRB 550 钢筋的公称直径范围为 4～12 mm，CRB650 及以上牌号钢筋的公称直径为 4，5，6 mm。

冷轧带肋钢筋克服了冷拉、冷拔钢筋握裹力低的缺点，同时具有和冷拉、冷拔相近的强度。

（三）热处理钢筋热处理钢筋

热处理钢筋热处理钢筋是将热轧钢筋的带肋钢筋（中碳低合金钢）经淬火和高温回火调质处理而成的。其特点是塑性降低不大，但强度提高很多综合性能比较理想。特别适用于预应力混凝土构件的配筋，但对应力腐蚀及缺陷敏感性强，使用时应防止腐蚀及刻痕等。

（四）冷拔低碳钢丝

冷拔低碳钢丝是将低碳钢热轧圆盘条通过截面小于钢筋截面的钙合金拔丝而制成。冷拔钢丝不仅受拉，同时还受到挤压作用。经受一次或多次的拔制而得的钢丝，其屈服强度可提高 40%~60%，而塑性显著降低。建筑材料行业标准《混凝土制品用冷拔低碳钢丝》（JC/T 540—2006）规定，冷拔低碳钢丝按强度分为甲级和乙级。甲级钢丝普通用作预应力钢筋；乙级钢丝主要用作焊接骨架、焊接网、箍筋和构造钢筋。

（五）预应力混凝土用钢丝及钢绞线

预应力混凝土用优质碳素结构钢丝及钢绞线经冷加工、再回火、冷轧或绞捻等加工而成的专用产品，也称为优质碳素钢丝及钢绞线。

国家标准《预应力混凝土用钢丝》（GB/T 5223—2014）规定，预应力混凝土用钢丝按加工状态分为消除应力钢丝和冷拉钢丝两种，按外形可分为光圆、螺旋肋和刻痕三种。钢丝直径为 4 ~ 12 mm 多种规格，抗拉强度为 1 470 ~ 1 770 MPa。

国家标准《预应力混凝土用钢绞线》（GB/T 5224—2014）规定，钢绞线按结构可分为8类：用2根钢丝捻制的钢绞线（1×2）；用3根钢丝捻制的钢绞线（1×3）；用3根刻痕钢丝捻制的钢绞线（1×3Ⅰ）；用7根钢丝捻制的标准型钢绞线（1×7）；用6根刻痕钢丝和一根光圆中心钢丝捻制的钢绞线（1×7Ⅰ）；用7根钢丝捻制又经模拔的钢绞线（1×7）C；用19根钢丝捻制的1+9+9西鲁式钢绞线（1×19S）；用19根钢丝捻制的1+6+6/6瓦林吞式钢绞线（1×19W）。钢绞线直径为5 ~ 28.6 mm，抗拉强度为 1 470 ~ 1 860 MPa。

钢丝和钢绞线均具有强度高、塑性好，使用时不需要接头等优点，尤其适用于需要曲线配筋的预应力混凝土结构、大跨度或重荷载的屋架等。

（六）型钢

1. 热轧型钢

常用的热轧型钢有角钢（等边和不等边）、工字钢、槽钢、T形钢、H形钢、Z形钢等。热轧型钢的标记方式为：在一组符号中需标出型钢名称、横断面主要尺寸、型钢标准号及钢号与钢种标准。例如，用碳素结构钢 Q235-A 轧制的，尺寸为 160 mm×160 mm×16 mm 的等边角钢，应标示为：

$$\text{热轧等边角钢}\ \frac{16016016GB9787-88}{Q235-A\quad GB700-2006} \tag{2-4}$$

钢结构的钢种和钢号，主要根据结构与构件的重要性、荷载性质、连接方法、工作条件等因素予以选择。对于承受动荷载的结构、焊接的结构及结构中的关键构件，应选用质量较好的钢材。

我国建筑用热轧型钢主要采用碳素结构钢Q235-A，强度适中，塑性和可焊性较好，而且冶炼容易，成本低廉，适合建筑工程使用。在钢结构设计规范中推荐使用的低合金钢，主要有两种：Q345级Q390。可用于大跨度、承受动荷载的钢结构。

2. 冷弯薄壁型钢

通常是用2～6 mm薄钢板冷弯或模压而成，有角钢、槽钢等开口薄壁型钢及方形、C5矩形等空心薄壁型钢。可用于轻型钢结构。

3. 钢板和压型钢板

用光面轧辊轧制而成的扁平钢材，以平板状态供货的称钢板，以卷状供货的称钢带。按轧制温度不同，又可分为热轧和冷轧两种。建筑用钢板及钢带的钢种主要是碳素结构钢，一些重型结构、大跨度桥梁、高压容器等也采用低合金钢板。

按厚度来分，热轧钢板分为厚板（厚度大于4 mm）和薄板（厚度为0.35～4 mm）两种；冷轧钢板只有薄板（厚度为0.2～4 mm）一种。厚度可用于焊接结构；薄板可用作屋面或墙面等围护结构，或作为涂层钢板的原料，如制作压型钢板等。钢板可用来弯曲制成型钢。薄钢板经冷压或冷轧成波形、双曲形、V形等形状，称为压型钢板。制作压型钢板的板材采用有机涂层薄钢板（或称彩色钢板）、镀锌薄钢板、防腐薄钢板或其他薄钢板。

压型钢板具有单位质量轻、强度高、抗震性能好、施工快、外形美观等特点，主要用于围护结构、楼板、屋面等。

4. 钢管

钢管按制造方法分无缝钢管和焊接钢管。无缝钢管主要作输送水、蒸汽和煤气的管道以及建筑构件、机械零件和高压管道等。焊接钢管用于输送水、煤气及采暖系统的管道，也可用作建筑构件，如扶手、栏杆、施工脚手架等。按表面处理情况分镀锌和不镀锌两种。按管壁厚度可分为普通钢管和加厚钢管。

第五节　钢材的腐蚀与防止

一、钢材的腐蚀

根据钢材与环境介质的作用原理。可分为化学腐蚀和电化学腐蚀。

（一）化学腐蚀

化学腐蚀指钢材与周围的介质（如氧气、二氧化碳、二氧化硫和水等）直接发生化学作用，生产疏松的氧化物而引起的腐蚀。在干燥环境中化学腐蚀的速度缓慢，但在温度高和湿度较大时腐蚀速度大大加快。

（二）电化学腐蚀

钢材由不同的晶体组织构成，并含有杂质，由于这些成分的电极电位不同，当有电解质溶液（如水）存在时，就会在钢材表面形成许多微小的局部原电池。整个电化学腐蚀过程如下：

阳极区：$Fe=Fe^{2+}+2e$

阴极 K：$2H_2O+2e+1/2O_2=2OH^-+H_2O$

溶液区：$Fe^{2+}+2OH^-=Fe(OH)_2$

$Fe(OH)_2+O_2+2H_2O=4Fe(OH)_3$

水是弱电解质溶液，而溶有 CO_2 的水则成为有效的电解质溶液，从而加速电化学腐蚀的过程。钢材在大气中的腐蚀，实际上是化学腐蚀和电化学腐蚀共同作用所致。但以电化学腐蚀为主。

二、防止钢材腐蚀的措施

防止钢材腐蚀的主要措施包括以下内容：

（一）保护层法

利用保护层可使钢材与周围介质隔离，从而防止锈蚀。钢结构防止锈蚀的方法通常是表面刷防锈漆；薄壁钢材可采用热浸镀锌后加塑料涂层。对于一些行业（如电气、冶金、石油、化工等）的高温设备钢结构，可采用硅氧化合结构的耐高温防腐涂料。

（二）电化学保护法

对于一些不能和不易覆盖保护层的地方（如轮船外壳、地下管道、桥梁建筑等），可采用电化学保护法，即在钢铁结构上按一块比钢铁更为活泼的金属（如锌、镁）作为牺牲阳极来保护钢结构。

（三）制成合金钢

在钢中加入合金元素铬、镍、钛、铜等，制成不锈钢，提高其耐腐蚀能力。

另外，埋于混凝土中的钢筋在碱性的环境下会形成一层保护膜，可以防止锈蚀，但是混凝土外加剂中的氯离子会破坏保护膜，促进钢材的锈蚀。因此，在混凝土中应控制氯盐外加剂的使用，控制混凝土的水灰比和水泥用量，提高混凝土的密实性，还可以采用掺加防锈剂的方法防止钢筋的锈蚀。

第六节　钢筋试验

一、钢筋的验收及取样方法

第一，钢筋应有出厂质量证明书或试验报告单，每捆（盘）钢筋均应有标牌，进场钢筋应按炉罐（批）号及直径分批验收。验收内容包括查对标牌、外观检查，并按有关规定抽取试样作机械性能试验，包括拉力试验和冷弯试验两个项目，如两个项目中有一个不合格，该批钢筋即为不合格。

第二，钢材应成批验收，每批由同一牌号、同一炉号、同一质量等级、同一品种、同一尺寸、同一牌号的钢材组成。每批质量不大于 60 t，如炉罐号不同时，应按《钢筋混凝土用钢第二部分：热轧带肋钢筋》（GB 1499.2—2007）的规定验收。

第三，钢筋在使用中如有脆断、焊接性能不良或机械性能显著不正常时，应进行化学成分分析。

第四，取样时自每批钢筋中任意抽取两根，于每根距端部 50 cm 处各取一套试样（两根试样），在每套试样中取一根做拉力试验，另一根做冷弯试验。在拉力试验的两根试件中，如其中一根试件的屈服强度、抗拉强度和伸长率三个指标中，有一个指标达不到钢筋标准中规定的数值，应取双倍（4根）钢筋，重做试验。如仍有一根试件的指标标准要求，拉力试验也作为不合格。在冷弯试验中，如有一根试件不符合标准要求，应同样抽取双倍钢筋，重做试验。如仍有一根试件不符合标准要求，冷弯试验项目即为不合格。

第五，试验应在（20±10）℃的温度下进行，如试验温度超出这一范围，应于试验记录和报告中注明。

二、拉伸试验

（一）试验目的

掌握《金属材料拉伸试验第一部分：室温试验方法》（GB/T228.1-2010）的测试方法，测定低碳钢的屈服强度、抗拉强度和伸长率，注意观察拉力与变形之间的关系，为确定和检验钢材的力学及工艺性能提供依据。

（二）主要仪器设备

1. 万能试验机

2. 钢板尺、游标卡尺、千分尺、两脚扎规

（三）试验条件、试样

1. 试验室温度

钢筋拉伸试验室温度：10 ~ 30℃。

2. 试样

依钢筋试验取样方法截取的试样。

（四）操作步骤

1. 试件制作

钢筋试件一般不经过车削加工。如受试验机量程限制，直径为 22 ~ 24mm 的钢筋可制成车削加工试件。

2. 试件原始尺寸的测定

（1）测量标距长度 l_0，精确至 0.1 mm。

（2）圆形试件横断面直径应在标距的两端及中间处两个相互垂直的方向上各测一次，取其算术平均值，选用三处测得的横截面积中最小值，横截面积按下式计算：

$$A_0 = \frac{1}{4}\pi d_0^2 \qquad\qquad (2-5)$$

式中：A_0——试件的横截面积，mm²；

d_0——圆形试件原始横断面积直径，mm。

（3）等横截面不经机加工的试件，可采用质量法测定其平均原始横截面积，按下式计算：

$$A_0 = \frac{m}{\rho \cdot L} \times 100 \qquad\qquad (2-6)$$

式中：m——试件的质量，g；

ρ——钢筋的密度，g/cm³；

L——试件的长度，cm。

3. 屈服强度和抗拉强度的测定

（1）开机后，启动万能试验机控制软件，设定相应参数；

（2）将钢筋试件固定在试验机夹头内，开始拉伸试验；

（3）由电脑控制完成试验，并获得相应数据。

4.伸长率测定

（1）将已拉断试件两段在断裂处对齐，尽量使其轴线位于一条直线上。如拉断处由于各种原因形成缝隙，则此缝隙应计入试件拉断后的标距部分长度内。

（2）如拉断处到邻近的标距端点的距离大于 $1/3l_0$ 时，可用卡尺直接量出已被拉长的标距长度 l_1。

（3）如拉断处到邻近的标距端点的距离小于或等于 $1/3l_0$ 时，可按下述移位法确定 l_1 在长段上，从拉断处 0 点取基本等于短段格数，得 B 点，接着取等于长段所余格数（偶数，图 2-3a）之半，得 C 点；或者取所余格数（奇数，图 2-3b）减 1 与加 1 之半，得 C 与 C1 点。移位后的 l_1，分别为 A0+0B+2BC 或者 AO+OB+BC+BC1。

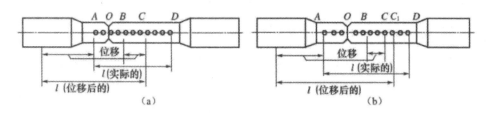

图2-3　用移位法计算标距

如果直接量测所求得的伸长率能达到技术条件的规定值，则可不采用移位法。

（4）伸长率按下式计算（精确至 1%）：

$$\sigma = \frac{l_1 - l_0}{l_0} \times 100\% \tag{2-7}$$

式中　σ——分别表示 $l_0=10d$ 或 $l_0=5d$ 时的伸长率；

l_0——原标距长度 10 d（5 d），mm；

l_1——拉长后的标距长度，试件拉断后直接量出或按位移法确定。

（5）如试件在标距端点上或标距处断裂，则试验结果无效，应重做试验。

（五）注意事项

第一，试验应在（10 ～ 35）℃的温度下进行，如试验温度超出这一范围，应在试验记录和报告中注明。

第二，对试件进行拉伸试验时，要严格按规定的设定加荷速度进行。

第三，试验完成后应保存数据。

（一）试验目的

掌握《金属材料弯曲试验方法）（GB/T 232-2010）和钢筋质量的评定方法，检定钢筋承受规定弯曲程度的变形性能，并显示缺陷。

（二）主要仪器设备

配有下列弯曲装置之一的压力机或试验机：

1. 虎钳式弯曲装置；

2. 支棍式弯曲装置；

3. 不同直径的弯曲压头。

（三）操作步骤

1. 试样

钢筋冷弯试件不得进行车削加工，试样长度应根据试样直径和所用的试验设备确定。

2. 半导向弯曲

试样一端固定，绕弯曲压头直径进行弯曲，如图 2-4（a）所示。试样弯曲到规定的弯曲角度。

3. 导向弯曲

（1）试样放于两支根上，试样轴线与弯曲压头轴线垂直，弯曲压头在两个支掘之间的中点处对试样连续施加力使其弯曲，施加压力，直至达到规定的角度［图 2-4（b）］。

（2）试样在两个支辐上按一定弯曲压头直径弯曲至两臂平行时，首先弯曲到图 2-4（b）所示的状态，然后放置在试捡机平板之间继续施加压力，压至试样两臂平行。试验时可以加或不加与弯曲压头直径相同尺寸的垫块［图 2-4（c）］。

当试样需要弯曲至两臂接触时，首先将试样弯曲到图 7-12 所示的状态，然后放置在两平板之间继续施加压力，直至两臂接触［图 7-l2（d）］。

（3）试验时应当缓慢地施加弯曲力以使材料能够自由地进行塑性变形。

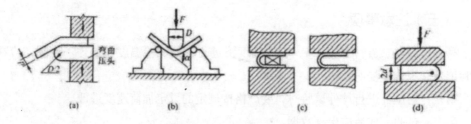

图2-4 弯曲试验示意图

第三章 水泥检测

第一节 硅酸盐水泥技术要求及应用

一、硅酸盐水泥的生产简介

（一）原料

生产硅酸盐水泥的原料主要是石灰质原料和黏土质原料，为满足成分的要求还常用校正原料。

1. 石灰质原料主要成分为 CaO，采用石灰岩、石灰质凝灰岩等，其中多用石灰石。

2. 黏土质原料

主要成分为 SiO_2，Al_2O_3 及少量 Fe_2O_3，采用黏土、黄土、页岩、泥岩等，其中以黏土和黄土应用最广。

3. 校正原料

用铁矿粉等铁质原料补充氧化铁的含量，用砂岩、粉砂岩等硅质校正原料补充 SiO_2。

（二）生产过程

目前，常把硅酸盐水泥的生产技术简称为两磨一烧，生产水泥时先把几种原料按适当的比例混合后，在球磨机中磨成生料，然后将制得的生料在回转窑或立窑内经 1 350～1 450℃高温燃烧，再把烧好的熟料和适当的石膏及混合材料混合，在球磨机中磨细，就得到水泥。

水泥生料的配合比例不同，直接影响水泥熟料的矿物成分比例和主要建筑技术性能，硅酸盐水泥生料在窑内的燃烧过程，是保证水泥熟料质量的关键。

水泥生料的燃烧，在达到 1000℃时各种原料完全分解出水泥中的有用成分，主要是氧化钙、二氧化硅、三氧化二铝、三氧化二铁，其中：

800℃左右时少量分解出的氧化物已开始发生固相反应，生成铝酸一钙、少量的铁酸二钙及硅酸二钙。

900～1 100℃温度范围内铝酸三钙和铁铝酸四钙开始生成。

1 100～1 200℃温度范围内大量生成铝酸三钙和铁铝酸四钙，硅酸二钙生成量最大。

1300～1 450℃温度范围内铝酸三钙和铁铝酸四钙呈熔融状态，产生的液相，并把CaO及部分硅酸二钙溶解于其中，在此液相中，硅酸二钙吸收CaO化合成硅酸三钙。这是煅烧水泥的关键，必须停留足够的时间，使原料中游离的CaO被吸收，以保证水泥熟料的质量。

烧成的水泥熟料经过迅速冷却，即得到水泥熟料块。

二、硅酸盐水泥熟料的矿物组成及其特性

硅酸盐水泥熟料的主要矿物组成及其含量范围见表3-1。

表3-1　硅酸盐水泥的熟料主要矿物组成及其含量

化合物名称	氧化物成分	缩写符号	含量
硅酸三钙	$3CaO·SiO_2$	C_3S	37%～60%
硅酸二钙	$3CaO·SiO_2$	C_2S	15%～37%
铝酸三钙	$3CaO·Al_2O_3$	C_3A	7%～15%
铁铝酸四钙	$4CaO·Al_2O_3·Fe_2O_3$	C_4AF	10%～18%

硅酸盐水泥熟料的成分中，除表3-1列出的主要化合物外，还有少量游离氧化钙和游离氧化镁等。

水泥熟料是由各种不同特性的矿物所组成的混合物。因此，改变熟料矿物成分之间的比例，水泥的性质会发生相应的变化，如提高硅酸三钙的含量，可制成高强水泥；降低铝酸三钙、硅酸三钙含量，可制成水化热低的大坝水泥等。

二、施硅酸盐水泥的水化与凝结硬化

水泥用适量的水调和后，最初形成具有可塑性的浆体，随着时间的增长，失去可塑性（但尚无强度），这一过程称为初凝，开始具有强度时称为终凝。由初凝到终凝的过程称为水泥的凝结。此后，产生明显的强度并逐渐发展而成为坚硬的水泥石，这一过程称为水泥的硬化。水泥石的凝结和硬化是人为划分的，实际上是一个连续、复杂的物理化学变化过程，这些变化决定了水泥石的某些性质，对水泥的应用有着重要意义。

（一）硅酸盐水泥的水化、凝结和硬化

水泥和水拌和后，水泥颗粒被水包围，表面的熟料矿物立刻与水发生化学反应生成了一系列新的化合物，并放出一定的热量。其反应式如下：

$$2(3CaO \cdot SiO_2) + 6H_2O = 3CaO \cdot 2SiO_2 \cdot 3H_2O + 3Ca(OH)_2$$
$$2(2CaO \cdot SiO_2) + 4H_2O = 3CaO \cdot 2SiO_2 \cdot 3H_2O + Ca(OH)_2$$
$$3CaO \cdot Al_2O_3 + 6H_2O = 3CaO \cdot Al_2O_3 \cdot 6H_2O$$
$$4CaO \cdot Al_2O_3 \cdot Fe_2O_3 + 7H_2O = 3CaO \cdot Al_2O_3 \cdot 6H_2O + CaO \cdot Fe_2O_3 \cdot H_2O$$

为了调节水泥的凝结时间，在熟料磨细时应掺加适量（3%左右）石膏，这些石膏与部分水化铝酸钙反应，生成难溶的水化硫铝酸钙的针状晶体。它包裹在水泥颗粒表面形成保护膜，从而延缓了水泥的凝结时间。

由此可见，硅酸盐水泥与水作用后，生成的主要水化产物有水化硅酸钙、水化铁酸钙凝胶体、水化铝酸钙、氢氧化钙和水化硫铝酸钙晶体。在完全水化的水泥石中，水化硅酸钙约占70%，氢氧化钙约占25%。

当水泥加水拌和后，在水泥颗粒表面即发生化学反应，生成的水化产物聚集在颗粒表面形成凝胶薄膜，它使水化反应减慢。表面形成的凝胶薄膜使水泥浆具有可塑性，由于生成的胶体状水化产物在某些点接触，构成疏松的网状结构时，使浆体失去流动性和部分可塑性，这时为初凝。之后，由于薄膜的破裂，使水泥与水又迅速广泛地接触，反应继续加速，生成较多鼠的水化硅酸钙凝胶、氢氧化钙和水化硫铝酸钙晶体等水化产物，它们相互接触连生，到一定程度，浆体完全失去可塑性，建立起充满全部间隙的紧密的网状结构，并在网状结构内部不断充实水化产物，使水泥具有一定的强度，这时为终凝。当水泥颗粒表面重新为水化产物所包裹，水化产物层的厚度和致密程度不断增加，水泥浆体趋于硬化，形成具有较高强度的水泥石。硬化水泥石是由凝胶、晶体、毛细孔和未水化的水泥熟料颗粒所组成。

由此可见，水泥的水化和硬化过程是一个连续的过程。水化是水泥产生凝结硬化的前提，而凝结硬化是水泥水化的结果。凝结和硬化又是同一过程的不同阶段，凝结标志着水泥浆失去流动性而具有一定的塑性强度，硬化则表示水泥浆固化后所建立的网状结构具有一定的机械强度。

（二）影响硅酸盐水泥凝结硬化的主要因素

1. 熟料矿物组成的影响

硅酸盐水泥熟料矿物组成是影响水泥的水化速度、凝结硬化过程及强度等的主要因素。

硅酸三钙（C_3S）、硅酸二钙（C_2S）/铝酸三钙（C_3A）和铁铝酸四钙（C4AF）

四种主要熟料矿物中，C_3A 是决定性因素，是强度的主要来源。改变熟料中矿物组成的相对含量，即可配制成具有不同特性的硅酸盐水泥。提高 C_3S 的含量，可制得快硬高强水泥；减少 C_3A 和 C_3S 的含量，提高 C_2S 的含量，可制得水化热低的低热水泥；降低 C_3A 的含量，适当提高 C4AF 的含量，可制得耐硫酸盐水泥。

2. 水泥细度的影响

水泥的细度即水泥颗粒的粗细程度。水泥越细，凝结速度越快，早期强度越高。但过细时，易与空气中的水分及二氧化碳反应而降低活性，并且硬化时收缩也较大，且成本高。因此，水泥的细度应适当，硅酸盐水泥的比表面积应大于 3（M）m²/kg。

3. 石膏的掺量

水泥中掺入石膏，可调节水泥凝结硬化的速度。掺入少量石膏，可延缓水泥浆体的凝结硬化速度，但石膏掺量不能过多，过多的石膏不仅缓凝作用不大，还会引起水泥安定性不良。一般掺量约占水泥质量的 3% ~ 5%，具体掺量需通过试验确定。

4. 养护湿度和温度的影响

（1）湿度

应保持潮湿状态，保证水泥水化所需的化学用水。混凝土在浇筑后两到三周内必须加强洒水养护。

（2）温度

提高温度可以加速水化反应。如采用蒸汽养护和蒸压养护，冬季施工时，须采取保温措施。

5. 养护龄期的影响

水泥水化硬化是一个较长时期不断进行的过程，随着龄期的增长水泥石的强度逐渐提高。水泥在 3 ~ 14d 内强度增长较快，28d 后增长缓慢。水泥强度的增长可延续几年，甚至几十年。

三、硅酸盐水泥的技术性质

国家标准《通用硅酸盐水泥》（GB 175-2007）对硅酸盐水泥的技术性质要求如下：

（一）细度

细度是指水泥颗粒的粗细程度。同样成分的水泥，颗粒越细，与水接触的表面积越大，因而水化较迅速，凝结硬化快，早期强度高。但颗粒过细，硬化的体积收缩较大，易产生裂缝，储存期间容易吸收水分和二氧化碳而失去活性。另外，颗粒细则粉磨过程中的能耗大，水泥成本提高，因此细度应适宜。国家标准（GB 175-2007）规定：硅酸盐水泥的细度以比表面积（比表面积是指单位质量水泥颗粒的总表面积）表示，不小于 300 m²/kg。

（二）标准稠度用水量

在进行水泥的凝结时间、体积安定性测定时，要求必须采用标准稠度的水泥净浆来测定。标准稠度用水量是指水泥拌制成标准稠度时所需的用水量，以占水泥质量的百分数表示，用标准维卡仪测定。不同的水泥品种，水泥的标准稠度用水量各不相同，一般为 24% ~ 33%。

水泥的标准稠度用水量主要取决于熟料矿物的组成、混合材料的种类及水泥的细度。

（三）凝结时间

水泥的凝结时间是指水泥从加水开始到失去流动性所需的时间，分为初凝和终凝。初凝时间为水泥从开始加水拌和起到水泥浆开始失去可塑性为止所需的时间；终凝时间为水泥从开始加水拌和起至水泥浆完全失去可塑性并开始产生强度所需的时间。

水泥的凝结时间在施工中具有重要意义。

水泥的初凝时间不宜过早，以便在施工时有足够的时间完成混凝土的搅拌、运输、浇捣和砌筑等操作；水泥的终凝时间不宜过迟，以免拖延施工工期。国家标准（GB175-2007）规定：硅酸盐水泥初凝时间不得早于 45 min，终凝时间不得退于 390 min。

（四）体积安定性

水泥的体积安定性是指水泥在凝结硬化过程中水泥体积变化的均匀性。如果水泥凝结硬化后体积变化不均匀，水泥混凝土构件将产生膨胀性裂缝，降低建筑物质房，甚至引起严重事故，这就是水泥的体积安定性不良。体积安定性不良的水泥作废品处理，不能用于工程中。

引起水泥体积安定性不良的原因，一般是由于熟料中含有过量的游离氧化钙（f-CaO）、游离氧化镁（f-MgO）或三氧化硫（SO_3），或者粉磨时掺入的石膏过瓦熟料中所含的 f-CaO 和 f-MgO 都是过烧的，熟化很慢，它们在水泥凝结硬化后才慢慢熟化：

$$CaO + H_2O = Ca(OH)_2$$
$$MgO + H_2O = Mg(OH)_2$$

熟化过程中产生体积膨胀，使水泥石开裂。过量的石膏掺入将与已固化的水化铝酸钙作用生成水化硫铝酸钙晶体，产生 1.5 倍的体积膨胀，造成已硬化的水泥石开裂。

由 f-CaO 引起的体积安定性不良可采用沸煮法检验。国家标准《通用硅酸盐水泥》（GB 175—2007）规定，通用硅酸盐水泥的安定性需经沸煮法检验合格。同时规定，硅酸盐水泥中游离氧化镁含量不得超过 5.0%，三氧化硫含量不得超过 3.5%。如果水泥压蒸试验合格，则水泥中氧化镁的含量（质量分数）允许放宽至 6.0%。

（五）强度

水泥强度是表示水泥力学性能的重要指标，水泥的强度除了与水泥本身的性质（矿物组成、细度）有关外，还与水灰比、试件制作方法、养护条件和养护时间有关。

国家标准《水泥胶砂强度检验方法》（GB/T 17671—1999）规定，以水泥和标准砂为 1 : 3，水灰比为 0.5 的配合比，用标准方法制成 40 mm × 40 mm × 160 mm 棱柱体标准试件，在标准条件下养护，测定其达到规定龄期的抗折强度和抗压强度。

为提高水泥的早期强度，现行标准将水泥分为普通型和早强型（R 型）两个型号。硅酸盐水泥按照 3d、28d 的抗压强度、抗折强度，分为 42.5.42.5 R、52.5.52.5 R、62.5.62.5 R 六个强度等级。

（六）水化热

水泥在水化过程中所放出的热量，称为水泥的水化热。大部分水化热是在水化初期（7 d）放出的，以后则逐渐减少。水泥水化热的大小首先取决于水泥熟料的矿物组成和细度：冬季施工时，水化热有利于水泥的正常凝结硬化。但对大体积混凝土工程，如大型基础、大坝、桥墩等，水化热大是不利的，可使混凝土产生裂缝。因此对大体积混凝土工程，应采用水化热较低的水泥，如中热水泥、低热矿渣水泥等。

（七）密度与堆积密度

硅酸盐水泥的密度一般为 3.0 ~ 3.20 g/cm³。通常采用 3.10 g/cm³。硅酸盐水泥的堆积密度除与矿物组成及细度有关外，主要取决于水泥堆积时的紧密程度。在配制混凝土和砂浆时，水泥堆积密度可取 1 200 ~ 1 300 kg/m³。

国家标准除了对上述内容做了规定外，还对水泥中不溶物、烧失量、碱含量、氯离子含量提出了要求。I 型硅酸盐水泥中不溶物含量不得超过 0.75%，II 型硅酸盐水泥中不溶物含量不得超过 1.5%。I 型硅酸盐水泥烧失量不得超过 3.0%，II 型硅酸盐水泥烧失量不得超过 3.5%。水泥中碱含量按 $NaO_2+0.658K_2O$ 计算值表示。若使用活性骨料，用户要求提供低碱水泥时，水泥中的碱含量应不大于 0.60% 或由买卖双方协商确定。水泥中氯离子含量不得超过 0.06%。

国家标准《通用硅酸盐水泥》（GB 175-2007）规定：通用硅酸盐水泥凡凝结时间、强度、体积安定性、三氧化硫、游离态氧化镁、氯离子、不溶物、烧失量等指标中任一项不符合规定的，为不合格品。

第二节　掺混合材料的硅酸盐水泥及应用

一、混合材料

在硅酸盐水泥磨细的过程中，常掺入一些天然或人工合成的矿物材料、工业废渣，称为混合材料。

掺混合材料的目的是改善水泥的某些性能、调整水泥强度、增加水泥品种、扩大水泥的使用范围、综合利用工业废料、节约能源、降低水泥成本等。

混合材料按其掺入水泥后的作用可分为两大类——活性混合材料和非活性混合材料。

（一）活性混合材料

活性混合材料掺入硅酸盐水泥后，能与水泥水化产物中的氢氧化钙起化学反应，生成水硬性胶凝材料，凝结硬化后具有强度并能改善硅酸盐水泥的某些性质，这种混合材料称为活性混合材料。常用的有粒化高炉矿渣、火山灰、粉煤灰等。

（二）非活性混合材料

不具活性或活性很低的人工或天然的矿物质材料称为非活性混合材料。这类材料与水泥成分不起化学作用，或者化学反应很微小。它的掺入仅能起调节水泥强度等级、增加水泥产量、降低水化热等作用。实质上，非活性混合材料在水泥中仅起填充料的作用，所以又称为填充性混合材料。这类材料有磨细石英砂、石灰石、黏土、慢冷矿渣及各种废渣等。

二、掺混合材料硅酸盐水泥的种类

（一）普通硅酸盐水泥

国家标准（GB 175—2007）规定，普通硅酸盐水泥中活性混合材料掺加量应大于5%且不大于20%，其中允许用不超过水泥质量8%的非活性混合材料或不超过水泥质量5%的窑灰代替。普通硅酸盐水泥代号P·O。

（二）矿渣硅酸盐水泥

国家标准（GB 175-2007）规定，矿渣硅酸盐水泥中矿渣掺加量应大于 20% 且不大于 70%，其中允许用石灰石、窑灰、粉煤灰和火山灰质混合材料中的一种材料代替炉渣，代替数量不得超过水泥质量的 8%。矿渣硅酸盐水泥分为 A 型和 B 型。A 型矿渣掺量大于 20% 且不大于 50%，代号 P·S·A；B 型矿渣掺量大于 50% 且不大于 70%，代号 P·S·B。

（三）火山灰质硅酸盐水泥

国家标准（GB 175-2007）规定，火山灰质硅酸盐水泥中火山灰混合材料掺量应大于 20% 且不大于 40%，代号 P·P。

（四）粉煤灰硅酸盐水泥

国家标准（GR 175-2007）规定，粉煤灰硅酸盐水泥中粉煤灰掺量应大于 20% 且不 C5 大于 40%，代号 P·F。

（五）复合硅酸盐水泥

国家标准（GB 175—2007）规定，复合硅酸盐水泥中掺入两种或两种以上规定的混合材料，且混合材料掺量应大于 20% 且不大于 50%，代号 P·C。

三、掺混合材料硅酸盐水泥的技术要求

（一）强度等级与强度

国家标准（GB 175-2007）规定，普通硅酸盐水泥的强度等级分为 42.5，42.5R，52.5，52.5R 四个等级。矿渣硅酸盐水泥、火山灰质硅酸盐水泥、粉煤灰硅酸盐水泥、复合硅酸盐水泥的强度等级分为 32.5，32.5R，42.5，42.5R，52.5，52.5R 六个等级。

（二）细度

国家标准（GB 175-2007）规定，普通硅酸盐水泥的细度以比表面积表示，不小于 300 m²/kg；矿渣硅酸盐水泥、火山灰质硅酸盐水泥、粉煤灰硅酸盐水泥、复合硅酸盐水泥的细度以筛余表示，80 μm 方孔筛筛余不大于 10% 或 45 μm 方孔筛筛余不大于 30%。

（三）凝结时间

国家标准（GB 175-2007）规定，普通硅酸盐水泥、矿渣硅酸盐水泥、火山灰质

硅酸盐水泥、粉煤灰硅酸盐水泥、复合硅酸盐水泥初凝时间不小于 45 min，终凝时间不大于 600 min。

（四）体积安定性

国家标准（GB 175-2007）规定，普通硅酸盐水泥中三氧化硫含量不得超过 3.5%。游离态氧化镁含量不得超过 5.0%，如果水泥压蒸试验合格，则水泥中氧化镁的含量允许放宽至 6.0%。

矿渣硅酸盐水泥中三氧化硫含量不得超过 4.0%。P·S·A 型矿渣硅酸盐水泥中游离态氧化镁含量不得超过 6.0%，如果水泥中氧化镁的含量大于 6.0% 时，需进行压蒸安定性试验并合格。

火山灰质硅酸盐水泥、粉煤灰硅酸盐水泥、复合硅酸盐水泥中三氧化硫含量不得超过 3.5%，游离态氧化镁含量不得超过 6.0%，如果水泥中氧化镁的含量大于 6.0% 时，需进行压蒸安定性试验并合格。

四、掺混合材料硅酸盐水泥的性质

（一）普通硅酸盐水泥

普通硅酸盐水泥的组成为硅酸盐水泥熟料、适量石膏及少量的混合材料，故其性质介于硅酸盐水泥和其他四种水泥之间，更接近硅酸盐水泥。与硅酸盐水泥相比，普通硅酸盐水泥的具体表现为：

1. 早期强度略低；
2. 水化热略低；
3. 耐腐蚀性略有提高；
4. 耐热性稍好；
5. 抗冻性、耐磨性、抗碳化性略有降低。

普通硅酸盐水泥的应用与硅酸盐水泥基本相同，但在一些硅酸盐水泥不能使用的地方可使用普通硅酸盐水泥，使得普通硅酸盐水泥成为建筑行业应用最广、使用量最大的水泥品种。

（二）矿渣硅酸盐水泥、火山灰质硅酸盐水泥和粉煤灰硅酸盐水泥

这三种水泥与硅酸盐水泥或普通硅酸盐水泥相比，有其共性：

1. 凝结硬化速度较慢，早期强度较低，但后期强度增长较多，甚至超过同强度等级的硅酸盐水泥；
2. 水泥放热速度慢，放热量较低；
3. 对温度的敏感性较高，温度低时硬化慢，温度高时硬化快；

4.抵抗软水及硫酸盐介质的侵蚀能力较强；

5.抗冻性比较差。

此外，这三种水泥也各有不同的特点。如矿渣硅酸盐水泥和火山灰质硅酸盐水泥的干缩大，粉煤灰硅酸盐水泥干缩小；火山灰质硅酸盐水泥抗渗性较高，但在干燥的环境中易产生裂缝，并使已经硬化的表面产生"起粉"现象；矿渣硅酸盐水泥的耐热性较好，保持水分的能力较差，泌水性较大。

这三种水泥除能用于地上外，特别适用于地下或水中的一般混凝土和大体积混凝土结构以及蒸汽养护的混凝土构件，也适用于受一般硫酸盐侵蚀的混凝土工程。

（三）复合硅酸盐水泥

复合硅酸盐水泥与矿渣硅酸盐水泥、火山灰质硅酸盐水泥和粉煤灰硅酸盐水泥相比，掺混合材料的种类不是一种而是两种或两种以上，多种材料互掺，可弥补一种混合材料性能的不足，明显改善水泥的性能，使用范围更广。

第三节　通用硅酸盐水泥的应用

一、水泥强度等级的选用

选用水泥强度等级时，应与混凝土设计强度等级相适应。一般的混凝土（如垫层）的水泥强度等级不得低于32.5；用于一般钢筋混凝土的水泥强度等级不得低于32.5R；用于预应力混凝土、有抗冻要求的混凝土、大跨度重要结构工程的混凝土等的水泥强度等级不得低于42.5R。

一般来说，低强度等级的混凝土（C20以下）所用水泥强度等级应为混凝土强度等级的2倍；中等强度等级的混凝土（C20～C40）所用水泥强度等级为混凝土强度等级的1.5～2倍；强度等级高的混凝土（C40以上）所用水泥强度等级应为混凝土强度等级的0.9～1倍。

二、包装、标志、贮存

（一）包装

水泥可以袋装和散装，袋装水泥每袋净含量50 kg，且不少于标志质量的99%，随机抽取 20 袋总质量（含包装袋）不得少于 1 000 kg。其他包装形式由供需双方协商确定，但有关袋装质量要求必须符合上述原则。水泥包装袋应符合《水泥包装袋》（GB9774-2010）的规定。

（二）标志

水泥包装袋上应清楚标明：执行标准、水泥品种、代号、强度等级、生产者名称、生产许可证标志（QS）及编号、出厂编号、包装日期、净含量。包装袋两侧应根据水泥的品种采用不同的颜色印刷水泥名称和强度等级，硅酸盐水泥和普通硅酸盐水泥用红色；矿渣硅酸盐水泥用绿色；火山灰质硅酸盐水泥、粉煤灰硅酸盐水泥和复合硅酸盐水泥用黑色。

散装发运时应提交与袋装标志相同内容的卡片。

（三）贮存

水泥很容易吸收空气中的水分，在贮存和运输中应注意防水、防潮；贮存水泥要有专用仓库，库房应有防潮、防漏措施，存入袋装水泥时，地面垫板要离地 300 mm，四周离墙 300 mm。一般不可露天堆放，确因受库房限制需库外堆放时，也必须做到上盖下垫。散装水泥必须盛放在密闭库房或容器内，要按不同品种、标号及出厂日期分别存放。袋装水泥堆放高度一般不应超过 10 袋，以免造成底层水泥纸袋破损而受潮变质和污染损失。

水泥库存期规定为 3 个月（自出厂日期算起），超过库存期水泥强度下降，使用时应重新鉴定强度等级，按鉴定后的强度等级使用。所以贮存和使用水泥应注意先入库的先用。

三、水泥石的腐蚀与防治

（一）水泥石的腐蚀

硅酸盐水泥在硬化后，在通常使用条件下耐久性较好。但在某些腐蚀性介质中，水泥石结构会逐渐受到破坏，强度会降低，甚至引起整个结构破坏，这种现象称为水泥石的腐蚀。

引起水泥石腐蚀的原因很多，现象也很复杂，几种常见的腐蚀现象如下：

1. 溶解腐蚀

水泥石中的 $Ca(OH)_2$ 能溶解于水。若处于流动的淡水（如雨水、雪水、河水、湖水）中，$Ca(OH)_2$ 不断溶解流失，同时，由于石灰浓度降低，会引起其他水化物的分解溶蚀，孔隙增大，水泥石结构遭到进一步的破坏，这种现象称为溶解腐蚀，也称为溶析。

2. 化学腐蚀

水泥石在腐蚀性液体或气体作用下，会生成新的化合物。这些化合物强度较低，或易溶于水，或无胶凝能力，因此使水泥石强度降低，或使水泥石结构遭到破坏。

根据腐蚀介质的不同，化学腐蚀又可分为盐类腐蚀、酸类腐蚀和强碱腐蚀三种。

（1）盐类腐蚀

盐类腐蚀主要有硫酸盐腐蚀和镁盐腐蚀两种。硫酸盐腐蚀是海水、湖水、盐沼水、地下水及某些工业污水含有的钠、钾、铵等的硫酸盐与水泥石中的氢氧化钙反应生成硫酸钙，硫酸钙又与水泥石中的固态水化铝酸钙反应生成含水硫铝酸钙，含水硫铝酸钙中含有大量结晶水，比原有体积增加 1.5 倍以上，对已经固化的水泥石有极大的破坏作用。含水硫铝酸钙呈针状晶体，俗称为"水泥杆菌"。

当水中硫酸盐的浓度较高时，硫酸钙将在孔隙中直接结晶成二水石膏，使水泥石体积膨胀，从而导致水泥石破坏。

镁盐的腐蚀主要是海水或地下水中的硫酸镁和氧化镁与水泥石中的氢氧化钙反应，生成松软而无胶凝能力的氢氧化镁、易溶于水的氯化钙及由于体积膨胀导致水泥石破坏的二水石膏，反应式为

$$MgSO_4 + Ca(OH)_2 + 2H_2O \rightarrow CaSO_4 \cdot 2H_2O + Mg(OH)_2$$
$$MgCl_2 + Ca(OH)_2 \rightarrow CaCl_2 + Mg(OH)_2$$

（2）酸类腐蚀

①碳酸腐蚀。在工业污水、地下水中常溶解有较多的二氧化碳，二氧化碳与水泥石中的氢氧化钙反应生成碳酸钙，碳酸钙继续与溶在水中的二氧化碳反应，生成易溶于水的重碳酸钙，因而使水泥石中的氢氧化钙溶失，导致水泥石破坏。反应式为

$$Ca(OH)_2 + CO_2 \rightarrow CaCO_3 \downarrow + H_2O$$
$$CaCO_3 + CO_2 + H_2O \rightarrow Ca(HCO_3)_2$$

由于氢氧化钙浓度降低，会导致水泥中的其他水化产物的分解，使腐蚀作用进一步加剧。以上腐蚀称为碳酸腐蚀。

②其他酸腐蚀（HC1、H2SO4）。其他酸的腐蚀是指工业废水、地下水、沼泽水中含有的无机酸或有机酸与水泥石中的氢氧化钙反应，生成易溶于水或体积膨胀的化合物，因而导致水泥石的破坏。如盐酸和硫酸分别与水泥石中氢氧化钙作用，其反应式如下：

$$2HCl + Ca(OH)_2 \rightarrow CaCl_2 + 2H_2O$$
$$H_2SO_4 + Ca(OH)_2 \rightarrow CaSO_4 \cdot 2H_2O$$

（3）强碱腐蚀

浓度不大的碱类溶液对水泥石一般是无害的，但铝酸盐含量较高的硅酸盐水泥遇到强碱（如氢氧化钠）作用时，会生成易溶的铝酸钠。如果水泥石被氢氧化钠溶液浸

透后又在空气中干燥，则氢氧化钠与空气中的二氧化碳会作用生成碳酸钠。由于碳酸钠在水泥石的毛细孔中结晶沉积，可导致水泥石的胀裂破坏。

（二）水泥石腐蚀的防治

1. 发生腐蚀的原因

水泥石的腐蚀过程是一个复杂的物理化学过程，它在遭受腐蚀作用时往往是几种腐蚀同时存在，互相影响。

发生水泥腐蚀的基本原因，一是水泥石中存在引起腐蚀的氢氧化钙和水化铝酸钙；二是水泥石本身不密实，有很多毛细孔通道，侵蚀性介质容易进入其内部。

2. 相应的防治措施

（1）根据腐蚀环境的特点，合理地选用水泥品种。例如采用水化产物中的氢氧化钙含量较少的水泥，可提高抵抗淡水等侵蚀作用的能力；采用铝酸三钙含量低于5%的抗硫酸盐水泥，可提高抵抗硫酸盐腐蚀的能力。

（2）提高水泥石的密实度。由于水泥石水化时实际用水量是理论需水量的 2～3 倍。多余的水蒸发后形成毛细管通道，腐蚀介质容易渗入水泥石内部，造成水泥石的腐蚀。在实际工程中，可采取合理设计混凝土配合比、降低水灰比、正确选择骨料、掺外加剂、改善施工方法等措施，提高混凝土或砂浆的密实度。

另外，也可在混凝土或砂浆表面进行碳化处理，使表面生成难溶的碳酸钙外壳，以提高密实度。

（3）加做保护层。当水泥制品所处环境腐蚀性较强时，可用耐酸石、耐酸陶瓷、塑料、沥青等，在混凝土或砂浆表面做一层耐腐蚀性强而且不透水的保护层。

第四节　其他品种水泥技术要求及应用

一、快硬硅酸盐水泥

国家标准《快硬硅酸盐水泥》（GB199-1990）规定，凡以硅酸盐水泥熟料和适量石膏磨细制成的，以 3 d 抗压强度表示强度等级的水硬性胶凝材料，称快硬硅酸盐水泥（简称快硬水泥）。

熟料中氧化镁含量不得超过5.0%。如水泥压蒸性试验合格，则熟料中氧化镁的含量允许放宽到6.0%。

水泥中三氧化硫的含量不得超过10%。

体积安定性要求沸煮法检验合格。

快硬水泥有几个显著的特点：凝结硬化快，早期强度高；抗低温性能较好；抗冻性好；与钢筋黏结力好，对钢筋无侵蚀作用；抗硫酸侵蚀性优于普通水泥，抗渗性、耐磨性也较好。

由于以上特点，此种水泥适用于配制早强、高强度混凝土，适用于紧急抢修工程、低温施工工程和高强度混凝土预制件等。

一般水泥在凝结硬化过程中都会产生一定的收缩，使水泥混凝土出现裂纹，影响混凝土的强度及其他许多性能。而膨胀水泥则克服了这一弱点，在硬化过程中能够产生一定的膨胀，增加水泥石的密实度，消除由收缩带来的不利影响。膨胀水泥比一般水泥多了一种膨胀组分，在凝结硬化过程中，膨胀组分使水泥产生一定量的膨胀值。常用的膨胀组分是在水化后能形成膨胀生产物——水化硫铝酸钙的材料。

按膨胀值大小，可将膨胀水泥分为膨胀水泥和自应力水泥两大类。膨胀水泥的膨胀率较小，主要用于补偿水泥在凝结硬化过程中产生的收缩，因此又称为无收缩水泥或收缩补偿水泥；自应力水泥的膨胀值较大，在限制膨胀的条件下（如配有钢筋时），水泥石的膨胀作用，使混凝土受到压应力，从而达到了预应力的作用，同时还增加了钢筋的握裹力。

常用的膨胀水泥及主要用途如下：

（一）硅酸盐膨胀水泥心

硅酸盐膨胀水泥主要用于制造防水层和防水混凝土，加固结构、浇筑机器底座或固结地脚螺栓，并可用于接缝及修补工程。但禁止在有硫酸盐侵蚀的水中工程中使用。

（二）低热微膨胀水泥

低热微膨胀水泥主要用于要求较低水化热和要求补偿收缩的混凝土及大体积混凝土，也适用于要求抗渗和抗硫酸侵蚀的工程。

（三）膨胀硫铝酸盐水泥

膨胀硫铝酸盐水泥主要用于配制节点、抗渗和补偿收缩的混凝土工程。

（四）自应力水泥

自应力水泥主要用于自应力钢筋混凝土压力管及其配件。

此外，还有多种膨胀水泥。

二、白色硅酸盐水泥

国家标准《白色硅酸盐水泥》（GB 2015-2005）规定，由氧化铁含量少的硅酸盐水泥熟料、适量石膏及规定的混合材料，磨细制成的水硬性胶凝材料称为白色硅酸盐水泥（简称"白水泥"）。代号 P·W。白色硅酸盐水泥熟料中三氧化硫的含量应不超过 3.5%，氧化镁的含量不宜超过 5.0%。如果水泥经压蒸安定性试验合格，则熟料中氧化镁的含量允许放宽到 6.0%。

为了保证白色硅酸盐水泥的白度，在煅烧和磨细时应防止着色物质混入。一般在燃烧时常采用天然气、煤气或重油作燃料，磨细时在球磨机中用硅质石材或坚硬的白色陶瓷作为衬板和研磨体，磨细时还可以加入 10% ~ 15% 的白色混合材料。

白色硅酸盐水泥的细度要求 80μm 方孔筛筛余应不超过 10%。

凝结时间要求初凝不早于 45 min，终凝不迟于 10 h。

体积安定性要求用沸煮法检验合格。

白色硅酸盐水泥的白度值应不低于 87。

用白色硅酸盐水泥熟料、石膏和耐碱矿物颜料共同磨细，可制成彩色硅酸盐水泥。白色和彩色硅酸盐水泥，主要用于建筑物装饰工程。可做成水泥拉毛、彩色砂浆、水磨石、水刷石、斩假石等饰面，也可用于雕塑及装饰构件或制品。使用白色或彩色硅酸盐水泥时，应以彩色大理石、石灰石、白云石等彩色石子或石屑和石英砂作粗细骨料。制作方法可以预制，也可以在工程的要求部位现制。

三、中热硅酸盐水泥、低热硅酸盐水泥和低热矿渣硅酸盐水泥

（一）中热硅酸盐水泥

以适当成分的硅酸盐水泥熟料，加入适量石膏，磨细制成的具有中等水化热的水硬性胶凝材料，称为中热硅酸盐水泥，简称中热水泥，代号 P·MH。熟料中的硅酸三钙的含量应不超过 55%，铝酸三钙的含量应不超过 6%，游离氧化钙的含量应不超过 1.0%。

（二）低热硅酸盐水泥

以适当成分的硅酸盐水泥熟料，加入适量石膏，磨细制成的具有低水化热的水硬性胶凝材料，称为低热硅酸盐水泥，简称低热水泥，代号 P·LH。熟料中的硅酸二钙的含量应不超过 6%，游离氧化钙的含量应不超过 1.0%。

（三）低热矿渣硅酸盐水泥

以适当成分的硅酸盐水泥熟料，加入矿渣、适量石膏，磨细制成的具有低水化热的水性胶凝材料，称为低热矿渣硅酸盐水泥，简称低热矿渣水泥，代号 P·SLHO 熟料中的铝酸三钙的含量应不超过 8%，游离氧化钙的含量应不超过 1.2%，氧化镁的含量不宜超过 5.0%；如果水泥经压蒸安定性试验合格，则熟料中氧化镁的含量允许放宽到 6.0%。

中热水泥和低热水泥强度等级为 42.5；低热矿渣水泥强度等级为 32.5。上述三种水泥主要适用于要求水化热低的大坝和大体积混凝土工程。

四、铝酸盐水泥

国家标准《铝酸盐水泥》（GB 201-2015）规定，凡以铝酸钙为主的铝酸盐水泥熟料磨细制成的水硬性胶凝材料，称为铝酸盐水泥，代号 CA。铝酸盐水泥常为黄色或褐色，也有呈灰色的。铝酸盐水泥的主要矿物成分为铝酸一钙（$CaO·Al_2O_3$，简写 CA）和其他的铝酸盐以及少量的硅酸二钙（$2CaO·SiO_2$）等。

铝酸盐水泥的密度和堆积密度与普通硅酸盐水泥相近。其细度为比表面积不小于 300 m^2/kg 或 0.045 mm，筛余不大于 20%。铝酸盐水泥按氧化铝含量分为 CA—50，CA—60，CA—70，CA—80 四种类型，凝结时间为 CA—50，CA—70，CA—80 的胶砂初凝时间不得早于 30 min，终凝时间不得迟于 6h；CA-60 的胶砂初凝时间不得早于 60 min，终凝时间不得退于 18 h。

铝酸盐水泥凝结硬化速度快，1 d 强度可达最高强度的 80% 以上，主要用于工期紧急的工程，如国防、道路和特殊抢修工程等。

铝酸盐水泥水化热大，且放热量集中，1 d 内放出的水化热为总量的 70% ~ 80%，使混凝土内部温度上升较高，即使在 -10℃下施工，铝酸盐水泥也能很快凝结硬化，可用于冬季施工的工程。

铝酸盐水泥在普通硬化条件下，由于水泥石中不含铝酸三钙和氢氧化钙，且密实度较大，因此具有很强的抗硫酸盐腐蚀作用。

铝酸盐水泥具有较高的耐热性，如采用耐火粗细骨料（如铬铁矿等）可制成使用温度达 1 300~1 400 ℃的耐热混凝土。

另外，铝酸盐水泥与硅酸盐水泥或石灰相混不但产生闪凝，而且由于生成高碱性的水化铝酸钙，使混凝土开裂，甚至破坏。因此施工时除不得与石灰或硅酸盐水泥混合外，也不得与未硬化的硅酸盐水泥接触使用。

第五节　水泥细度试验

根据一定量水泥在一定孔径筛子上的筛余量大小来反映水泥的粗细。筛余量越大，水泥越粗。反之，水泥越细。

一、干筛法（负压筛析法）

（一）主要仪器设备

1. 试验筛

由圆形筛框和筛网组成，筛框和筛网接触处应用防水密封。筛口配有有机玻璃筛盖：筛盖和筛口有良好的密封性。

2. 负压筛析仪

由筛座、干筛、负压源及收尘器组成。其中干筛座又由转速为（30±2）r/min的微型电机、喷气嘴、负压表、控制板及壳体构成。筛析仪工作时，负压应不低于4 000 Pa，不高于6 000 Pa。喷气嘴上口平面与筛网之间距离为2～8mm。喷气嘴上开口尺寸应符合标准要求，负压源和收尘器为功率600 W的工业吸尘器或其他具有相当能力的设备。

3. 天平

最大称量为100 g，分度值不大于0.05 g。

（二）试样制备

水泥样品需具有代表性，且通过0.9 mm方孔筛过筛。

（三）操作步骤

1. 将水泥试样充分混合均匀，通过0.9 mm方孔筛过筛，并记录筛余物情况。

2. 试验时，80 μm筛析试验称取水泥试样25 g，45μm筛析试验称取水泥试样10g，置于洁净的干筛内并盖上筛盖，再将筛子放在干筛座上，启动筛析仪器连续筛析2 min，此间若有试样黏附在筛盖上，可用手轻轻拍击，使试样落下。筛毕，用天平称量筛余物质量，精确至0.1。

二、注意事项

第一，试验前要检查被测样品，不得受潮、结块或混有其他杂质。

第二，试验前应将带盖的干筛放在干筛座上，接通电源，检查负压、密封情况和控制系统等一切正常后，方能开始正式试验。

第三，试验时，当负压小于 4 000 Pa 时，应清理吸尘器内的水泥，使负压恢复正常。

第四，每做完一次筛析试验，应用毛刷清理一次筛网，以防筛网被堵塞。

三、试验结果

第一，水泥试样筛余百分数按下式进行计算（精确至 0.1%）：

$$F = \frac{m_s}{m} \times 100\% \qquad\qquad (3\text{-}1)$$

式中 F——水泥试样的筛余百分数，%；

m_s——水泥筛余物的质量，g；

m——水泥试样的质量，g。

第二，将测定数据与计算结果填入水泥的检测报告中。

第四章　混凝土检测

第一节　混凝土检测的理论知识

一、混凝土拌合物和易性

（一）和易性概念

混凝土和易性主要包括流动性、黏聚性和保水性三方面的内容。一般来讲，和易性良好的混凝土拌合物易于施工操作（搅拌、运输、浇筑、捣实），成型后混凝土具有密实、质量均匀、不离析、不泌水的性能。

1. 流动性

混凝土拌合物在自重或外力作用下（施工机械振捣），能产生流动，并均匀密实地填满模板的性能。流动性的大小取决于拌合物中用水量或水泥浆含量的多少。

2. 黏聚性

混凝土拌合物在施工过程中其组成材料之间有一定的黏聚力，不致产生分层和离析的性能。黏聚性的大小主要取决于细骨料的用量以及水泥浆的稠度。分层现象是混凝土拌合物中粗骨料下沉，砂浆或水泥浆上浮，影响混凝土垂直方面的均匀性。离析现象是混凝土拌合物在运动过程中（泵送、浇筑、振捣），骨料、浆体的运动速度不同，导致它们相互分离。

3. 保水性

混凝土拌合物在施工过程中，具有一定的保水能力，不致产生严重泌水的性能。保水性差的混凝土拌合物，其泌水倾向大，混凝土硬化后易形成透水通路，从而降低混凝土的密实性。泌水现象是拌合物施工中骨料下沉，水分在毛细管力的作用下，沿混凝土中的毛细管道向上至混凝土表面，导致混凝土表层水灰比增大或出现一层清水。

由此可见，混凝土拌合物的流动性、黏聚性和保水性有其各自的内容，而它们之间是相互联系，又相互矛盾的。因此，混凝土和易性就是这三方面性质在某种具体条件下矛盾统一的概念。

混凝土和易性是一个综合的性质，至今尚没有全面反映混凝土和易性的测试方法。

（二）和易性的测定方法

通常通过测定混凝土坍落度、扩展度或维勃稠度来确定其流动性；观察混凝土的形态，根据经验判定其粘聚性与保水性，对混凝土和易性优劣做出评价。

1. 坍落度

坍落度试验是将混凝土拌合物装入坍落度筒中，并插捣密实，装满后刮平，向上垂直平稳地提起坍落度筒，测量混凝土拌合物塌落后最高点与坍落度筒顶部的高度差，该高度差即为混凝土拌合物坍落度值（以 mm 表示）；用捣棒在混凝土锥体侧面轻轻敲打，如锥体逐渐下沉，表示黏聚性良好，如锥体崩裂或离析，则表示黏聚性不良；如锥体底部有大量浆体溢出，或锥体顶部因浆体流失而骨料外露，表示混凝土保水性不良，反之，保水性良好。坍落度检验适用于骨料粒径不大于 40mm，坍落度不小于 10mm 的混凝土拌合物。

2. 维勃稠度

维勃稠度试验，用维勃稠度仪测定，将混凝土拌合物装入坍落度筒中，并插捣密实，装满后刮平，向上垂直平稳地提起坍落度筒。将透明圆盘转到混凝土试体上方并轻轻落下使之与混凝土顶面接触。同时启动振动台和秒表，记下透明圆盘的底面被水泥浆布满所需的时间（以 s 计），其值即为维勃稠度试验结果。

3. 扩展度

混凝土坍落度大于 160mm 时，拌合物出现流态型，发生摊开现象。混凝土拌合物的流动性用扩展度表示。在摊开的近似圆形的拌合物上，测量最大直径及与最大直径垂直方向的直径，取算术平均值（以 mm 表示），为拌合物和易性的量化指标之一。

4. 改善混凝土拌合物和易性的措施

主要采取如下措施改善混凝土拌合物的和易性：①拌合物坍落度太小时，保持水胶比不变，增加适量的胶凝材料浆料；当坍落度太大时，保持砂率不变，增加适量的砂、石；②改变水泥品种、品牌及矿物掺合料、化学外加剂；③改变骨料的级配，尽量选用级配良好的骨料，并尽可能采用较粗的砂、石，并采用合理砂率。

二、混凝土强度

硬化混凝土的强度包括抗压强度、抗拉强度、抗弯强度、与钢筋的黏结强度等，同一批混凝土拌合物硬化后，以抗压强度为最大，抗拉强度为最小，结构工程中的混凝土主要用于承受压力。混凝土抗压强度与混凝土的其他性能关系密切。一般来说，混凝土的强度抗压越高，其刚性、抗渗、抵抗风化和介质侵蚀的能力也越强。混凝土的抗压强度是结构设计的主要参数，也是混凝土质量评定和控制的主要技术指标。

（一）混凝土抗压强度

我国采用立方体抗压强度作为混凝土的强度特征值，根据《普通混凝土力学性能试验方法标准》（GB/T 50081—2002）规定的方法制作成 150mm×150mm×150mm 的标准立方体试件，在标准养护条件［温度（20±2）℃，相对湿度大于 95%］或在不流动的 Ca（OH）$_2$ 饱和溶液中养护到 28d 龄期。用标准试验方法所测得的抗压强度值称为混凝土的立方体抗压强度。在实际工程中，在试件尺寸满足所用粗骨料的最大粒径规定的前提下，允许采用非标准尺寸的试件，但应将其抗压强度测定值换算成标准试件的抗压强度。

（二）混凝土立方体抗压强度标准值

混凝土立方体抗压强度标准值 $f_{cu,k}$ 是从概率角度出发，依据混凝土强度属于随机变量范畴，因其总体符合正态分布而引出的一个重要特征。它是指按标准方法制作和养护的立方体试件，在 28d 龄期，用标准试验方法测得的抗压强度总体分布中，客观存在一个特征值 $f_{cu,k}$，当强度低于该值的百分率不超过 5% 时（具有强度保证率为 95% 的立方体抗压强），即符合以这个特征值为混凝土立方体抗压强度标准值的要求。混凝土立方体抗压强度标准值是确定混凝土强度等级的依据。

（三）混凝土强度等级

根据混凝土不同的强度标准值可划分为大小不同的强度等级。混凝土的强度等级是以符号"C"及其对应的强度标准值（以 MPa 为单位）所表示的代号，它分别以 CIO、C15、C20、C25、C30、C35、C40、C45、C50、C55、C60、C65、C70、C75、C80、C85、C90、C95、C100 等表示混凝土强度等级。例如，C20 表示混凝土立方体抗压强度标准值 $f_{cu,k}$=20MPa。强度等级是混凝土结构设计时强度计算取值的依据，是混凝土施工中控制工程质量和工程验收时的重要依据。

（四）混凝土轴心抗压强度

在结构中，钢筋混凝土受压构件多为棱柱体或圆柱体。为了使测得的混凝土的强度尽可能接近实际工程结构的受力情况，钢筋混凝土结构设计中，计算轴心受压构件（如杆子、桁架的腹杆等）时，以混凝土的轴心抗压强度（以 f_{cp} 表示）作为设计依据。混凝土轴心抗压强度又称棱柱体抗压强度，采用 150mm×150mm×300mm 的棱柱体作为标准试件，按照标准养护方法与试验方法测得轴向抗压强度的代表值。与标准立方体试件抗压强度（f_{cc}）相比，相同混凝土的轴心抗压强度值（f_{cp}）的数值较小。随着棱柱体试件高宽比（h/a）的增大，其轴心抗压强度减小；但当高宽比达到一定值后，强度就趋于稳定，这是因为试验中试件压板与试件表面间的摩阻力对棱柱体试件中部的影响已消失，该部分混凝土几乎处于无约束的纯压状态。工程中，也可以采用非标尺寸的棱柱体试件来检测混凝土的轴心抗压强度，但其高宽比（h/a）应在 2 ~ 3 的范围内，如 100mm × 100mm × 300mm、200mm × 200mm × 400mm。

（五）抗折（弯）强度

混凝土的抗折强度是指处于受弯状态下混凝土抵抗外力的能力，由于混凝土为典型的脆件材料，它在断裂前无明显的弯曲变形，故称为抗折强度。通常混凝土的抗折强度是利用 150mm × 150mm × 550mm 的试梁在三分点加荷状态下测得的。

（六）抗拉（劈裂）强度

混凝土是脆性材料，抗拉强度很低，只有抗压强度的 1/10 ~ 1/20（通常取 1/15），在钢筋混凝土结构设计中，一般不考虑混凝土的承拉能力，构件是依靠其中配置的钢筋来承担结构中的拉力，但是，抗拉强度对于混凝土的抗裂性仍具有重要作用，它是结构设计中确定混凝土抗裂的主要依据，也是间接衡量混凝土抗冲击强度、与钢筋黏结强度、抗干湿变化或温度变化能力的参考指标。

混凝土抗拉强度采用劈裂抗拉试验法间接得出混凝土的抗拉强度，称为劈裂抗拉强度（f_{ts}）。混凝土劈裂抗拉强度的试件是采用边长为 150mm 的立方体试件，试验时，在立方体试件的两个相对的上下表面加上垫条，然后施加均匀分布的压力，使试件在竖向平面内产生均匀分布的拉应力，该拉应力可以根据弹性理论计算求得。随着混凝土强度等级的提高而脆性表现得更明显，其劈裂抗拉强度与立方体抗压强度之间的差别可能更大。试验研究证明，在相同条件下，混凝土的劈裂抗拉强度（f_{ts}）与标准立方体抗压强度比（f_{cc}）之间具有一定的相关性，对于强度等级为 10 ~ 50MPa 的混凝土，其相互关系可近似表示为：$f_{ts}=0.35 f_{ts}$

（七）混凝土与钢筋的黏结强度

钢筋与混凝土间要有效地协同工作，钢筋混凝土结构中，混凝土与钢筋之间必须有足够的黏结强度（也称为握裹强度）。黏结强度，主要来源于混凝土与钢筋之间的摩擦力、钢筋与水泥石之间的黏结力以及变形钢筋的表面机械啮合力。黏结强度的大小与混凝土的性能有关，且与混凝土抗压强度近似成正比。此外，黏结强度还受其他许多因素的影响，如钢筋尺寸、钢筋种类，钢筋在混凝土中的位置（水平钢筋或垂直钢筋）、受力类型（受拉钢筋或受压钢筋）、混凝土干湿变化或温度变化等。

三、影响混凝土抗压强度的主要因素及其规律

（一）水泥强度等级和水灰比

水泥强度等级和水灰比是影响混凝土强度最主要的因素。普通混凝土水泥石与骨料的界面往往存在有许多孔隙、水隙和潜在微裂缝等结构缺陷，这是混凝土中的薄弱部位环节，混凝土的受力破坏，主要发生于这些部位。普通混凝土中骨料本身的强度往往大大超过水泥石及界面的强度，所以普通混凝土中骨料破坏的可能性较小，混凝土的强度主要取决于水泥石强度及其与骨料表面的黏结强度，而这些强度又决定于水泥强度等级和水灰比的大小。在相同配合比情况下，所用水泥强度等级越高，混凝土的抗压强度越高；水泥品种、强度等级不变条件下，混凝土的抗压强度随着水灰比的减小而呈规律地增大。

水泥强度等级越高，即使水灰比不变，硬化水泥石强度也就越大，骨料与水泥石胶结力也就越强。理论上，水泥水化时所需的水一般只要占水泥质量的 23% 左右，拌制混凝土时，为了获得足够的流动性，常需要多加一些水，因此通常的塑性混凝土，其水灰比均在 0.40 ~ 0.80 之间。混凝土多加的水导致水泥浆与骨料胶结力减弱，多余的水分残留在混凝土中形成水泡或水道，混凝土硬化后，自由水蒸发后便留下孔隙，减少混凝土实际受力面积，混凝土受力时，也易在孔隙周围产生应力集中。因此，水灰比越大，自由水分越多，水化留下的孔隙也越多，混凝土强度也就越低，反之则混凝土强度越高。这种现象适用于混凝土拌合物被充分振捣密实的条件下，如果水灰比过小，混凝土拌合物和易性太差，混凝土反而不能被振捣密实，导致混凝土强度严重下降。

材料相同的情况下，混凝土的抗压强度（f_{cu}）与其水灰比（W/C）的关系，呈近似双曲线形状，用方程表示 $f_{cu}=K/$（W/C），则 f_{cu} 与灰水比（C/W）的关系成线性关系。研究表明，混凝土拌合物的灰水比在 1.2 ~ 2.5 之间时，混凝土强度与灰水比（C/W）的直线关系。考虑水泥强度并应用数理统计方法，则可建立起混凝土强度（f_{cu}）与水泥强度（f_{ce}）及灰水比之间的关系式，即混凝土强度经验公式（又称饱罗米公式）：

$$f_{cu}=\alpha_a f_{cc}（C/W-\alpha_b） \tag{4-1}$$

（二）骨料的影响

级配良好的骨料和适当的砂率，可组成坚强密实的骨架，有利混凝土强度提高。碎石表面有棱角且粗糙，与水泥石胶结性好，且碎石骨料颗粒间以及与水泥石之间相互嵌固，原材料及坍落度相同情况下，用碎石拌制的混凝土较用卵石时强度高。当水灰比小于 0.40 时，碎石混凝土强度比卵石混凝土高约三分之一。但随着水灰比的增大，

二者强度差值逐渐减小，当水灰比达 0.65 后，二者的强度差异就不太显著了。因为当水灰比很小时，影响混凝土强度的主要因素是水泥石与骨料界面强度，当水灰比很大时，影响混凝土强度的主要因素为水泥石强度。

骨灰比是骨料质量与水泥质量之比。骨灰比对 35MPa 以上的混凝土强度影响很大。相同水灰比和坍落度下，骨料增多后表面积增大，骨料吸水量也增加，从而降低混凝土有效水灰比，使混凝土强度提高，混凝土强度随骨灰比的增大而提高。另外骨料增多，混凝土水泥浆相对含量减少，使混凝土内总孔隙体积减少，骨料对混凝土强度所起的作用得到充分发挥，提高了混凝土强度。

（三）养护条件的影响

1. 养护温度的影响

温度条件决定了水泥水化速度的快慢。早期养护温度高，水泥水化速度快，混凝土早期强度高。但混凝土硬化初期的养护温度较高对其后期强度发展有影响，混凝土初始养护温度越高，其后期强度增进率越低，因为较高初始温度（40℃以上）虽然提高水泥水化速率，但使正在水化的水泥颗粒周围聚集了高浓度的水化产物，反而减缓了此后的水化速度，且水化产物来不及扩散反而易形成不均匀分布的多孔结构，此部分为水泥浆体中的薄弱区，从而对混凝土长期强度产生了不利影响。相反，在较低养护温度（5～20℃）下，水泥水化缓慢，水化产物生成速率低，有充分的扩散时间形成均匀的水泥石结构，从而获得较大的后期强度，但强度增长时间较长，养护温度对混凝土 28d 强度发展的影响。混凝土养护温度到 0℃以下时，水泥水化反应基本停止，混凝土强度停止发展，此时混凝土中的自由水结冰产生体积膨胀（膨胀率约 9%），而对孔壁产生较大压应力（可达 100MPa 左右），导致硬化中的水泥石结构遭到破坏，混凝土的强度会受到损失。冬季施工混凝土，要加强保温养护，避免混凝土早期受冻破坏就是这个原因。

2. 养护湿度的影响

湿度是水泥能否正常进行水化的决定因素。湿度合适，浇筑后的混凝土，水泥水化反应就顺利，若环境湿度较低，水泥不能正常进行水化作用，甚至停止水化，混凝土强度会降低。如果混凝土硬化期间缺水，导致水泥石结构疏松，易形成干缩裂缝，影响混凝土的耐久性。混凝土干燥期越早，其强度损失越大。一般混凝土浇筑完毕，在 12h 内进行覆盖并开始洒水养护，夏季施工混凝土进行自然养护时，特别注意保潮。硅酸盐水泥、普通水泥或矿渣水泥配制的普通混凝土，保湿养护大于 7d；掺用缓凝型外加剂或有抗渗要求的混凝土养护大于 14d；用其他品种水泥配制的混凝土，养护根据所用水泥的技术性能而定。

（四）养护龄期的影响

普通混凝土正常养护条件下，其强度随龄期的增加而不断增大，最初 7 ~ 14d 发展较快，以后便逐渐变慢，28d 后更慢，但只要具有一定的温度和湿度条件，混凝土的强度增长可延续数十年之久。标准养护条件下的普通混凝土，其强度（f_n）发展规律大致与龄期（n）的常用对数成正比关系，经验估算公式如下（龄期为混凝土 28d 强度）

$$f_n = f_{28} \quad (\lg n / \lg 28) \tag{4-2}$$

（五）施工方法的影响

施工时，机械搅拌比人工拌和均匀。水灰比小的混凝土拌合物，强制式搅拌机比自落式搅拌机效果好。相同配合比和成型条件下，机械搅拌的混凝土强度比人工搅拌时的提高 10% 左右。浇筑混凝土时采用机械振动成型比人工捣实密实，对低水灰比的混凝土更显著，因为振动作用下，暂时破坏了水泥浆的凝聚结构，降低了水泥浆的黏度，增大了骨料间润滑作用，混凝土拌合物的流动性提高，有利于混凝土填满模型，且内部孔隙减少，有利于混凝土的密实度和强度提高。

改善骨料界面结构也有利于提高混凝土强度，如采用"造壳混凝土"工艺，分次投料搅拌混凝土：将骨料和水泥投入搅拌机后，先加少量水拌和，使骨料表面裹上一层水灰比很小的水泥浆——"造壳"，从而提高混凝土的强度。

（六）实验条件的影响

加荷速率不同，试验同一批混凝土试件，所测抗压强度值会有差异，加荷速度越快，测得的强度大，反之则小。当加荷速率超过 1.0MPa/s 时，强度增大尤为显著，所以在检测混凝土强度时，国家标准对加荷速率都有严格的要求。

四、混凝土抗冻及抗渗性

（一）抗冻性

在饱水状态下的混凝土，经受多次冻融循环而不破坏，同时也不严重降低强度的能力称为混凝土抗冻性。对混凝土要求具有较高的抗冻能力的，一般是寒冷地区的建筑及建筑物中的寒冷环境（如冷库）。混凝土的抗冻性常用抗冻等级表示，混凝土的抗冻等级以 28d 龄期的混凝土标准试件，在饱水后承受反复冻融循环，以其抗压强度损失不超过 25%、质量损失不超过 5% 时，混凝土所能承受的最多的冻融循环次数来表示：抗冻等级有 D25、D50、D100、D15O、D200、D250、D300 及 D300 以上 8 个等级。

分析混凝土受冻融破坏的原因，主要是混凝土内孔隙和毛细孔道的水在负温下结冰时体积膨胀造成的静水压力，以及内部冰、水蒸气压的差，使未冻水向冻结区的迁移所造成的渗透压力。当这两种压力产生的内应力超过混凝土的抗拉强度时，混凝土内部就会产生微裂缝，多次冻融循环后就会使微裂缝逐渐增多和扩展，从而造成对混凝土内部结构的破坏。

抗冻性与混凝土内部孔隙的数量、孔隙特征、孔隙内充水程度、环境温度降低的程度及速度等有关；混凝土的水灰比较小、密实度较高、含封闭小孔较多或开孔中充水不满时，则其抗冻性好。所以，提高混凝土抗冻性的主要措施就是要提高其密实度或改善其孔结构，如降低水灰比、掺入引气剂、延长结冰前的养护时间等。

（二）抗渗性

抗渗性是决定混凝土耐久性最基本的因素，抗渗性良好的混凝土能有效地抵抗有压介质（水、油等液体）的渗透作用，抗渗性差的混凝土，则易遭周围液体物质渗入内部，而且当遇有负温或环境水中含有侵蚀性介质时，混凝土易遭受冰冻或侵蚀作用而破坏。地下建筑、水坝、水池、港工以及海工等工程，要求混凝土必须具有一定的抗渗性。《普通混凝土长期性能和耐久性能试验方法标准》（GB/T 50082—2009）规定混凝土抗渗性，可采用渗水高度法或逐级加压法评定。渗水高度法是以硬化后28d龄期的标准抗渗混凝土试件，在恒定水压下测得的平均渗水高度来表示；逐级加压法采用28d龄期的标准抗渗混凝土试件，在规定试验方法下，进行逐级施加水压进行抗水渗透试验。

混凝土渗水主要由于拌和水蒸发、拌合物泌水形成的连通性渗水通道、骨料下缘聚集的水隙、硬化混凝土干缩或温度变化产生的裂缝，这些缺陷数量与混凝土的水灰比有关，水灰比越小，合理的施工条件下，抗渗性越高。提高混凝土抗渗性的主要措施有：防止离析、泌水可采用降低水灰比，掺减水剂、引气剂等，或选用级配良好的洁净骨料，振捣密实和加强养护等。

五、混凝土配合比设计的步骤及试配、调整

（一）混凝土配合比设计的步骤

1. 确定混凝土试配强度；

2. 确定混凝土试配强度所需标准差；

3. 确定混凝土的水胶比；

4. 确定混凝土采用胶凝材料28d的抗压强度；

5. 确定混凝土单位用水量和外加剂掺量；

6. 确定混凝土单位胶凝材料（矿物掺合料及水泥）用量；

7. 确定混凝土的砂率；

8. 确定混凝土单位粗、细骨料的用量。

（二）混凝土配合比试配和调整

1. 混凝土配合比试配

混凝土试配应采用强制式搅拌机搅拌。每盘搅拌量不应小于搅拌机公称容量的1/4 且不应大于搅拌机的公称容量。

试拌时，计算水胶比宜保持不变，并应通过调整配合比其他参数使混凝土拌合物性能符合设计和施工要求，然后修正计算配合比，提出试拌配合比。在确定的试拌配合比基础上，再拌和两个配合比，但水胶比分别增加和减少 0.05，用水量应与已确定的试拌配合比相同，砂率可分别增加或减少 1%。混凝土配合比拌和后，拌合物性能满足设计和施工要求，进行试件制作，并标准养护到 28d 或设计规定的龄期试压。

2. 混凝土配合比调整与确定

混凝土配合比调整：

（1）根据试拌 3 个混凝土配合比的强度，绘制强度和胶水比的线性关系图或插值法确定略大于配制强度对应的胶水比；

（2）在试拌配合比的基础上，用水量（m_w）和外加剂用量（m_a）应根据确定的水胶比作调整；

（3）胶凝材料用量（m_b）应以用水量乘以确定的胶水比计算得出；

（4）粗骨料（m_g）和细骨料（m_s）应根据用水量和胶凝材料进行调整。

混凝土配合比的确定：

第一，配合比调整后的混凝土拌合物的表观密度按下式计算：

$$\rho_{cc}=m_c+m_r+m_g+m_s+m_w \tag{4-3}$$

式中　ρ_{cc}——混凝土拌合物的表观密度计算值，kg/m^3；

m_c——每立方米混凝土的水泥用量，kg/m^3；

m_r——每立方米混凝土的矿物掺合料用量，kg/m^3；

m_g——每立方米混凝土的粗骨料用量，kg/m^3；

m_s——每立方米混凝土的细骨料用量，kg/m^3；

m_w——每立方米混凝土的用水量，kg/m^3。

第二，混凝土配合比校正系数按下式计算：

$$\delta=\rho_{ct}/\rho_{ct} \tag{4-4}$$

ρ_{ct}——混凝土拌合物的表观密度实测值，kg/m^3；

δ——混凝土配合比校正系数。

混凝土拌合物的表观密度实测值与计算值之差不超过计算值的 2% 时，调整的配合比可维持不变；当二者之差超过 2% 时，将配合比的每项材料均乘以校正系数（δ）。

第三，配合比调整后，还应测定拌合物水溶性氯离子含量。

第四，有耐久性设计要求混凝土的，应进行相关耐久性试验验证。

经过上述试配、调整、校正、验证后，所得结果为确定的混凝土配合比。

第二节　混凝土拌合物性能试验

检测主要依据标准：

《普通混凝土拌合物性能试验方法标准》（GB/T 50080—2016）。

一、混凝土坍落度、扩展度、凝结时间检测

（一）混凝土坍落度和扩展度检测

实验室制备混凝土拌合物时，相对湿度不小于50%，室温应保持（20±5）℃；拌合材料应与室温保持一致。拌合材料称量以重量计（精度：骨料为 ±0.5%；水、水泥、掺合料、外加剂为 ±0.2%）。

1. 主要仪器

（1）搅拌机：容量 30 ~ 100L，性能符合《混凝土试验用搅拌机》（JG 244—2009）。

（2）磅称：称量50kg，感量50g。

（3）天平：称量5kg、感量5g。

（4）量筒：200mL、1000mL。

（5）拌铲、拌板（平面尺寸不小于1.5m×1.5m，厚度不小于3mm的钢板）、容器等。

（6）捣棒：直径（16±0.2）mm、长（600±5）mm的钢棒，端部半球形。

（7）小铲、钢尺（300mm、1000mL，分度值不大于1mm）、抹刀等。

（8）测量标尺：表面光滑，刻度范围0 ~ 280mm，分度值1mm。

（9）坍落度筒：用1.5mm厚的钢板或其他金属材料制成的圆台形筒；底面和顶应互相平行并与锥体的轴线垂直；在筒外2/3高度处安两个手把，下端焊脚踏板；筒的内部尺寸为：底部直径（200±2）mm、顶部直径（100±2）mm、高度（300±2）mm。

2. 拌合方法

（1）按所定配合比称取各材料质量。

（2）按配合比的水泥、砂和水组成的砂浆，在搅拌机中进行涮膛预拌一次，内壁挂浆后，倒出多余的砂浆，其目的是使水泥砂浆黏附满搅拌机的筒壁，以免正式拌

和时影响拌合物的配合比。

（3）称好的粗骨料、胶凝材料、细骨料和水依次加入搅拌机内，难溶或不溶的粉状外加剂宜与胶凝材料同时加入搅拌机，液体和可溶性的外加剂宜与水同时加入搅拌机。拌合物搅拌时间宜 2min 以上，直至搅拌均匀。

（4）将拌合物从搅拌机卸出，倾倒在拌板上，立即进行拌合物各项性能试验。取样或试验时拌制的混凝土应在拌制后最短的时间内成型，一般不宜超过 15min。

3.坍落度与坍落扩展度检测步骤

适用于骨料最大粒径不大于 40mm。坍落度检测：坍落度值不小于 10mm 的混凝土拌合物稠度测定；坍落扩展度检测：坍落度值不小于 160mm 的混凝土拌合物稠度测定。稠度测定时需拌合物约 10 ~ 13L。

（1）湿润坍落度筒及其他用具，并把筒放在不吸水的刚性水平底板上，然后用脚踩住两边的脚踏板，使坍落度筒在装料时保持位置固定。

（2）把按要求取得的混凝土试样用小铲分三层均匀地装入筒内，使捣实后每层高度约为筒高的 1/3。每层用捣棒插捣 25 次。插捣应沿螺旋方向由外向中心进行，各次插捣应在截面上均匀分布。插捣筒边时，捣棒可稍倾斜；插捣底层时，捣棒应贯穿整个深度。插捣第二层和顶层时，捣棒应插过本层至下一层的表面。浇灌顶层时，混凝土应灌到高出筒口，插捣过程中，如混凝土沉落到低于筒口，则应随时添加。顶层插捣完后，刮去多余的混凝土并用抹刀抹平。

（3）清除筒边底板上的混凝土后，3 ~ 7s 内垂直平衡地提起坍落度筒。从开始装料到提起坍落度筒的整个进程应连续进行，并应在 150s 内完成（坍落度检测）或 4min 内完成（扩展度检测）。

4.检测结果

（1）坍落度和扩展度测试

如检测坍落度，当试样不再继续下落或下落 30s 时，量测筒高与坍落后混凝土试体最高点之间的高度差，即为该混凝土拌合物的坍落度值。

如检测扩展度，当拌合物不再扩展或扩展时间达到 50s，测量拌合物扩展面的最大直径及与最大直径垂直方向的直径，两个直径之差不超过 50mm，取其算术平均值作为混凝土扩展值；当两个直径之差超过 50mm 时，重新取样另行测定。

混凝土拌合物坍落度与扩展度以 mm 为单位，测量精确至 1mm，结果表达修约至 5mm。

（2）坍落度筒提离后，如试体产生崩坍或一边剪坏现象，则应重新取样进行测定，仍出现这种现象，则表明该拌合物和易性不好，应予记录备查。

（3）测定坍落度后，观察拌合物的黏聚性和保水性，并记入记录。

当混凝土拌合物坍落度不超过 160mm 时：用捣棒在已坍落的拌合物锥体侧面

轻轻敲打，如果锥体逐渐下沉，表示黏聚性良好；如果锥体倒坍、部分崩裂或出现离析，即为黏聚性不好。提起坍落度筒时，如有较多的稀浆从底部析出，锥体部分的拌合物也因失浆而骨料外露，则表明保水性不好；如无这种现象，则表明保水性良好。

当混凝土拌合物的坍落度大于 160mm 时，如发现粗骨料在中央集堆或边缘有水泥浆析出，则混凝土拌合物离析，应予记录。

（二）混凝土凝结时间检测

1. 主要仪器

（1）贯入阻力仪：最大测量值不小于 1000N，精度 ±10N；测针长 100mm，在距贯入端 25mm 处应有明显标记；测针的承压面积为 100mm²、50mm² 和 20mm² 三种。

（2）砂浆试样筒：上口径 160mm、下口径 150mm、净高 150mm 的刚性不透水金属圆筒，并配有盖子。

（3）试验筛：筛孔公称直径 5.00mm。

（4）振动台：符合《混凝土试验用振动台》（JG/T 245-2009）的规定。

（5）捣棒：符合《混凝土坍落度仪》（JG/T 248-2009）的规定。

2. 检测步骤

（1）应用试验筛将砂浆从混凝土拌合物中筛出，将筛出的砂浆搅拌均匀后装入三个试样筒中。取样混凝土坍落度不大于 90mm 时，用振动台振实砂浆；取样混凝土坍落度大于 90mm 时，用捣棒人工捣实。用振动台振砂浆时，振动应持续到表面出浆为止，不得过振；用捣棒人工捣实时，由外向中心沿螺旋方向均匀插捣 25 次，然后用橡皮锤敲击筒壁，直到表面插捣孔消失为止。振实或插捣后，砂浆表面宜低于砂浆试样筒口 10mm，并应立即加盖。

（2）砂浆试样制备完毕后，应置于（20±2）℃的环境中待测，并在整个测试工程中，环境温度始终在（20±2）℃。在整个测试过程中，除吸取泌水或进行贯入试验外，试样筒应始终加盖。现场同条件测试，试验环境应与现场一致。

（3）凝结时间测定从混凝土加水搅拌开始计时。根据混凝土拌合物的性能，确定测针试验时间，以后每隔 0.5h 测试一次，临近初凝或终凝时，应缩短测试间隔时间。

（4）每次测试前 2min，将一片（20±5）mm 厚的垫块垫入筒底一侧使其倾斜，用吸液管吸去表面的泌水，吸水后应复原。

（5）将砂浆试样筒置于贯入阻力仪上，测针端部与砂浆表面接触，在（10±2）s 内均匀地使测针贯入砂浆（25±2）mm 深度，记录最大贯入阻力值，精确至 10N；记录测试时间，精确至 1min。

（6）每个砂浆筒每次测试 1～2 个点，各测点间距不应小于 15mm，测点与试样筒壁的距离不应小于25mm。

（7）每个试样的贯入阻力测试不应少于6次，直至单位面积贯入阻力大于28MPa为止。

（8）根据砂浆凝结状况，在测试过程中应以测针承压面积从大到小的顺序更换。

3. 检测结果

（1）单位面积贯入阻力计算，精确至0.1MPa：

$$f_{PR}=P/A \hspace{4cm} （4-5）$$

式中 f_{PR}——单位面积贯入阻力，MPa；

　　P——贯入阻力，N；

　　A——测针面积，mm^2。

（2）凝结时间计算

线性回归法，按下式计算：

$$\ln_t=a+b\ln f_{PR} \hspace{4cm} （4-6）$$

式中 t——单位面积贯入阻力对应的测试时间，min；

　　a、b——线性回归系数。

单位面积贯入阻力为3.5MPa时对应的时间为初凝时间；单位面积贯入阻力为28MPa时对应的时间为终凝时间。

绘图拟合法：

以单位面积贯入阻力为纵坐标，测试时间为横坐标，绘制出单位面贯入阻力与测试时间的关系曲线；分别以3.5MPa和28MPa绘制两条平行于横坐标轴的直线，与曲线的交点的横坐标分别是初凝时间和终凝时间，以h：min表示，精确至5min。

（3）以三个试样的初、终凝时间的算数平均值作为此次试验的初、终凝时间。三个测值中的最小值或最大值中有一个与中间值的差异超过中间值的10%，则取中间值作为检测结果。如最大值和最小值与中间值相差均超过10%，应重新试验。

二、混凝土泌水率与压力泌水率检测

（一）混凝土泌水率检测

1. 主要仪器

（1）容量筒：5L，并配有盖子。

（2）量筒：1000mL、分度值1mL，并带塞。

（3）振动台：符合《混凝土试验用振动台》（JG/T 245—2009）的规定。

（4）捣棒：符合《混凝土坍落度仪》（JG/T 248—2009）的规定。

（5）电子天平：最大量程20kg，感量不大于1g。

2. 检测步骤

（1）用湿布润湿容量筒内壁后应立即称量，记录容量筒质量。

（2）将混凝土拌合物装入容量筒中进行振实或插捣密实。取样混凝土坍落度不大于 90mm 时，用振动台振实，将混凝土拌合物一次性装入容量筒，振动应持续到表面出浆为止，不得过振；取样混凝土坍落度大于 90mm 时，用捣棒人工捣实。将混凝土拌合物分两层装入，每层由边缘向中心沿螺旋方向均匀插捣 25 次，插捣底层时，捣棒贯穿整个深度；插捣第二层时，捣棒应插过本层至下一层的表面。每层插捣完毕，用橡皮锤沿筒外壁敲击 5 ~ 10 次，进行振实，直到表面插捣孔消失并不见大气泡为止。振实或插捣后的混凝土表面应低于容量筒口（30 ± 3）mm，并用抹刀抹平。

（3）自密实混凝土一次性填满，且不应进行振动或插捣。

（4）室温保持（20 ± 2）℃，容量筒保持水、不受振动条件下进行混凝土表面泌水的吸取；除吸水操作外，容量筒应始终盖好盖子。

（5）计时开始 60min 内，每隔 10min 吸取一次试验表面泌水；60min 后，每隔 30min 吸取一次表面泌水，直到不再泌水为止。每次测试前 2min，将一片（35 ± 5）mm 厚的垫块垫入筒底一侧使其倾斜，用吸液管吸去表面的泌水，吸水后应平稳复原盖好。吸出的水盛放于量筒中，并盖好塞子。记录每次的吸水量，并计算累积吸水量，精确至 1mL。

3. 检测结果

（1）单位面积泌水量按下式计算，精确至 0.01mL/mm²：

$$B_a = V/A \qquad (4\text{-}7)$$

式中 B_a——单位面积混凝土拌合物的泌水量，mL/mm²；

V——累积泌水量，mL；

A——混凝土拌合物试样外露的表面积，mm²。

（2）泌水率按下式计算，精确至 1%：

$$B = \frac{V_W}{(W/m_T) \times m} \times 100 \qquad (4\text{-}8)$$

$$m = m_2 - m_1 \qquad (4\text{-}9)$$

式中 B——泌水率，%；

V_W——泌水总量，mL；

m——混凝土拌合物试样质量，g；

m_T——试验拌制混凝土拌合物的总质量，g；

W——试验拌制混凝土拌合物的用水量，g；

m_2——容量筒及试样总质量，g；

m_1——容量筒质量，g。

（3）泌水量（率）取三个试样测值的平均值，三个测定值中的最小值或最大值中有一个与中间值之差超过中间值的 15%，取中间值作为检测结果。如最大值和最小值与中间值相差均超过 15%，则应重新试验。

（二）混凝土压力泌水率检测

1. 主要仪器

（1）压力泌水仪：缸体内径应为（125±0.02）mm，内高（200±0.2）mm；工作活塞公称直径 125mm；筛网孔径 0.315mm。

（2）捣棒：符合《混凝土坍落度仪》（JG/T 248—2009）的规定。

（3）烧杯：150mL。

（4）量筒：200L。

2. 检测步骤

混凝土装入压力泌水仪缸体捣实后的表面应低于缸体筒口（30±2）mm。

（1）普通混凝土拌合物分两层装入，每层由边缘向中心沿螺旋方向均匀插捣 25 次，插捣底层时，捣棒贯穿整个深度；插捣第二层时，捣棒应插过本层至下一层的表面。每层插捣完毕，用橡皮锤沿筒外壁敲击 5～10 次，进行振实，直到表面插捣孔消失并不见大气泡为止。

（2）自密实混凝土应一次性填满，不进行振动和插捣。

（3）将缸体外表面擦干净，压力泌水仪安装完毕后应在 15s 内给混凝土拌合物试样加压至 3.2MPa，并应在 2s 内打开泌水阀门，同时开始计时，并保持恒压，泌出的水接入 15mL 的烧杯里，移至量筒中读取泌水量，精确至 1mL。

（4）加压至 10s 时读取泌水量 V_{10}，加压至 140s 时读取泌水量 V_{140}。

3. 检测结果

压力泌水率按下式计算，精确至 1%：

$$B_V = V_{10}/V_{140} \qquad (4-10)$$

式中 B_V——压力泌水率，%；

V_{10}——加压至 10s 时的泌水量，mL；

V_{140}——加压至 140s 时的泌水量，mL。

三、混凝土含气量检测

（一）主要仪器

1. 含气量测定仪：符合《混凝土含气量测定仪 XJG/T 246-2009）的规定；

2. 捣棒：符合《混凝土坍落度仪》（JG/T 248—2009）的规定；

3. 振动台：符合《混凝土试验用振动台》（JG/T 245—2009）的规定；

4. 电子天平：最大量程 50kg，感量不应大于 10g。

（二）检测步骤

1. 含气量测定仪的标定和率定

（1）擦净容器，将含气量测定仪安装好，测定含气量测定仪总质量 m_{A1}，精确至 10g。

（2）向容器内注水至上沿，然后加盖并拧紧螺栓，保持密封不透气；关闭操作阀和排气阀，打开排水阀和加水阀，通过加水阀向容器内注水；当排水阀流出的水流中不出现气泡时，应在注水的状态下，关闭加水阀和排气阀；将含气量测定仪外表擦净，再次测定总质量精确至 10g。

（3）含气量测定仪的容积按下式计算，精确至 0.01L：

$$V = \frac{(m_{A2} - m_{A1})}{\rho_w} \qquad (4\text{-}11)$$

式中 V——含气量测定仪容积，L；

m_{A2}——水、含气量测定仪的总质量，kg；

m_{A1}——水的密度，kg/m³（可取 1 kg/L）。

（4）关闭排气阀，向气室打气，加压至大于 0.1MPa，且压力表显示值稳定；打开排气阀调压至 0.1MPa，同时关闭排气阀。

（5）开启操作阀，使气室的压缩空气进入容器，待压力表显示值稳定后测得压力值对应含气量应为零。

（6）开启排气阀,压力表显示值回零；关闭操作阀、排水阀和排气阀，开启加水阀，借助标定管在注水阀口用量筒接水；用气泵缓缓地向气室打气，当排出的水是含气量测定仪容积的1%时，再按上述（4）、（5）的操作，测得含气量为1%的压力值。

（7）继续测取含气量为 2%、3%、4%、5%、6%、7%、8%、9%、10%时的压力值。

（8）含气量分别为 0、1%、2%、3%、4%、5%、6%、7%、8%、9%、10% 时的试验均进行两次，以两次压力值的平均值为测量结果。

（9）根据含气量 0、1%、2%、3%、4%、5%、6%、7%、8%、9%、10% 测量结果，绘制含气量与压力值的关系曲线，作为混凝土拌合物含气量检测查阅依据。

2. 混凝土拌合物骨料的含气量

（1）按下式计算试验中粗、细骨料的质量：

$$m_g = V \times m_g' / 1000 \qquad (4\text{-}12)$$

$$m_s = V \times m_s' / 1000 \qquad (4\text{-}13)$$

式中 m_g——拌合物试样中粗骨料的质量，kg；

m_s——拌合物试样中细骨料的质量，kg；

$m_s{}'$——混凝土配合比中每立方米混凝土粗骨料质量，kg；

$m_g{}'$——混凝土配合比中每立方米混凝土细骨料质量，kg；

V——含气量测定仪容器容积，L。

（2）先向含气量测定仪的容器中注入 1/3 高度的水，然后把质量为 mg、ms 的粗、细骨料称好，搅拌均匀，倒入容器，加料同时应进行搅拌；水面每升高 25mm 左右，轻捣 10 次，加料过程应始终保持水面高出骨料的顶面，骨料全部加入，浸泡约 5min，再用橡皮锤轻敲容器外壁，排净气泡，除去水面气泡，加水至满，擦净容器口及边缘，加盖拧紧螺栓，保持密封不透气。

（3）关闭操作阀和排气阀，打开排水阀和加水阀，通过加水阀向容器内注入水；当排水阀流出的水流中不出现气泡时，应在注水的状态下，关闭加水阀和排气阀。

（4）关闭排气阀，向气室打气，加压至大于 0.1MPa，且压力表显示值稳定；打开排气阀调压至 0.1MPa，同时关闭排气阀。

（5）开启操作阀，使气室的压缩空气进入容器，待压力表显示值稳定后记录压力值，然后开启排气阀，压力表显示值应回零；根据含气量与压力值之间的关系曲线确定压力值对应的骨料含气量，精确至 0.1%。

（6）混凝土骨料的含气量应以两次测量结果的平均值作为试验结果；两次测量结果相差大于 0.5%，应重新试验。

3.混凝土拌合物未校正含气量

（1）用湿布擦净混凝土含气量测定仪容器内部和盖的内表面，装入混凝土拌合物。

（2）将混凝土拌合物装入含气量测定仪容器内进行振实、插捣密实或自流密实。

取样混凝土坍落度不大于 90mm 时，用振动台振实。将混凝土拌合物一次性装至高出含气量测定仪容器口，振动过程中混凝土拌合物低于容器口，随时添加，振动应持续到表面出浆为止，不得过振。

取样混凝土坍落度大于 90mm 时，用捣棒人工捣实。将混凝土拌合物分三层装入，每层捣实高度约为 1/3 的容器高度，每层由边缘向中心沿螺旋方向均匀插捣 25 次，捣棒应插过本层至下一层的表面，每层插捣完毕，用橡皮锤沿容器外壁敲击 5 ~ 10 次，进行振实，直到拌合物表面插捣孔消失为止。

自密实混凝土一次性填满，且不应进行振动或插捣。

（3）刮去表面多余的混凝土拌合物，用抹刀刮平，并且填平表面凹陷、抹光。

（4）擦净容器口及边缘，加盖并拧紧螺栓，保持密封不透气。

（5）测试混凝土拌合物未校正含气量 A_0，方法与测试骨料含气量相同，精确至 0.1%。

（6）混凝土拌合物的未校正含气量 A。应以两次测量结果的平均值作为试验结果；

两次测量结果相差大于 0.5%，应重新试验。

（三）检测结果

混凝土含气量按下式计算，精确至 0.1%：

$$A=A_0-A_g \qquad (4\text{-}14)$$

式中 A——混凝土拌合物含气量，%；

A_0——混凝土拌合物未校正含气量，%；

A_g——混凝土骨料含气量，%。

第三节　硬化混凝土力学性能试验

检测主要依据标准：

《普通混凝土拌合物性能试验方法标准》（GB/T 50080—2016）；

《普通混凝土力学性能试验方法标准》（GB/T 50081—2002）。

试件制作和养护：

配制好的混凝土拌合物成型前至少用铁锹再来回拌和三次。混凝土成型时间一般不宜超过 15min。每组龄期的混凝土力学试件按检测要求制作。

第一，试模内表面应涂一层矿物油或专用脱模剂。

第二，根据混凝土拌合物的稠度确定混凝土成型方法。坍落度不大于 70mm 的混凝土拌合物宜用振动成型；坍落度大于 70mm 的混凝土拌合物宜用捣棒人工捣实成型。

用振动台振实成型制作试件：

将混凝土拌合物一次装入试模，装料时应用抹刀沿各试模壁插捣，并使混凝土拌合物高出试模。

试模附着或固定在振动台上，振动过程中试模不得有任何跳动，振动至表面出浆为止，不得过振。

人工插捣成型制作试件：

混凝土拌合物分两层装入试模内，每层的装料厚度大致相等。

用捣棒按螺旋方向从边缘向中心均匀插捣。插捣底层混凝土时，捣棒应达到试模底部；插捣上层混凝土时，捣棒应贯穿上层混凝土插入下层混凝土 20 ～ 30mm。插捣时捣棒应保持垂直。用抹刀沿试模内壁插拔数次。

每层插捣次数按 10000mm² 截面积内不得少于 12 次。

插捣后用橡皮锤轻轻敲击试模四周，直到捣棒留下的孔洞消失为止。

第三，刮除试模口多余的混凝土拌合物，待混凝土临近初凝时，用抹刀抹平表面。

第四，混凝土试件养护。

采用标准养护的试件成型后应用不透水薄膜覆盖表面，并在温度为（20±5）℃情况下静置 1 ~ 2 昼夜，然后编号拆模。拆模后的试件应立即放在温度为（20±2）℃、相对湿度为 95% 以上的标准养护室中养护。标准养护室内试件应放在架上，彼此间隔为 10 ~ 20mm，并应避免用水直接冲淋试件。无标准养护室时，混凝土试件可放在温度为（20±2）℃的不流动的饱和 Ca（OH）$_2$ 水中养护。

同条件养护的试件成型后，试件的拆模时间可与实际构件的拆模时间相同。拆模后，试件仍需保持同条件养护。

5. 混凝土试件公差

承压平面的平面度公差不超过 0.0005d（d 为边长）；试件的相邻面夹角为 90°，公差不超过 0.5°；试件各边长公差不超过 1mm。

一、混凝土抗压强度、抗折强度、劈裂抗拉强度检测

（一）混凝土抗压强度检测

1. 主要仪器

压力机：符合《液压式万能试验机》（GB/T 3159—2008）及《试验机通用技术要求》（GB/T 2611—2007）中的技术要求，测量精度为 ±1%，试件的破坏荷载应大于压力机全量程的 20% 且小于压力机全量程的 80%。

2. 检测步骤

试件从养护室取出后，应尽快进行试验。

（1）试件表面与压力机上下承压板面擦干净。

（2）将试件安放在下承压板上，试件的承压面与成型时的顶面垂直。试件的中心应与试验机下压板中心对准。

（3）开动试验机，当上承压板与试件接近时，分别调整球座，使接触均衡。

（4）加压时，应连续而均匀地加荷。加荷速度：混凝土强度等级小于 C30 时，为每秒钟 0.3 ~ 0.5MPa；混凝土强度等级大于（等于）C30 且小于 C60 时，为每秒钟 0.5 ~ 0.8MPa；混凝土强度等级大于（等于）C60 时，为每秒钟 0.8 ~ 1.0MPa。当试件接近破坏而开始迅速变形时，停止调整试验机油门，直至试件破坏。

（5）记录破坏荷载（F）。

3. 检测结果

（1）混凝土立方体试件抗压强度按下式计算，精确至 0.1MPa：

$$f_c = \frac{F}{A} \tag{4-15}$$

式中 f_x——混凝土立方体试件抗压强度，MPa；

F—试件破坏荷载，N；

A——试件承压面积，mm2。

（2）以 3 个试件的算术平均值作为该组试件的抗压强度值，精确至 0.1MPa。如果 3 个测定值中的最小值或最大值中有 1 个与中间值的差异超过中间值的 15%，则把最大值及最小值一并舍弃，取中间值作为该组试件的抗压强度值。如最大值和最小值与中间值相差均超过 15%，则此组试件试验结果无效。混凝土的抗压强度是以 150mm×150mm×150mm 的立方体试件的抗压强度为标准，其他尺寸试件测定结果均应换算成边长为 150mm 立方体试件的标准抗压强度。

（二）混凝土抗折强度检测

1. 主要仪器

压力机：符合《液压式万能试验机》（GB/T 3159-2008）及《试验机通用技术要求》（GB/T 2611—2007）中的技术要求，测量精度为 ±1%，试件的破坏荷载应大于压力机全量程的 20% 且小于压力机全量程的 80%；能施加均匀、连续、速度可控的荷载，并带有能使两个相等荷载同时作用在试件跨度 3 分点处的抗折试验装置。

试件的支座和加荷头应采用直径为 20 ～ 40mm、长度不小于试件宽度 6+10mm 的硬钢圆柱，支座立脚点固定铰支，其他应为滚动支点。

2. 检测步骤

试件尺寸：边长为 150mm×150mm×600mm（或 550mm）的棱柱体试件是标准试件；边长为 100mm×100mm×400mm 的棱柱体试件是非标准试件。在长向中部 1/3 区段内不得有表面直径超过 5mm、深度超过 2mm 的孔洞。

（1）试件从养护地取出后应及时进行试验，将试件表面擦干净。

（2）装置试件，安装尺寸偏差不得大于 1mm。试件的承压面应为试件成型时的侧面。支座及承压面与圆柱的接触面应平稳、均匀，否则应垫平。

（3）施加荷载应保持均匀、连续。当混凝土强度等级小于 C30 时，加荷速度取每秒钟 0.02 ～ 0.05MPa；当混凝土强度等级大于（等于）C30 且小于 C60 时，取每秒钟 0.05 ～ 0.08MPa；当混凝土强度等级大于（等于）C60 时，取每秒钟 0.08 ～ 0.10MPa，至试件接近破坏时，应停止调整试验机油门，直至试件破坏，然后记录破坏荷载。

④记录试件破坏荷载的试验机示值及试件下边缘断裂位置。

3. 检测结果

（1）若试件下边缘断裂位置处于两个集中荷载作用线之间，则试件的抗折强度按下式计算，精确至 0.1MPa：

$$f_t = \frac{Fl}{bh^2} \tag{4-16}$$

式中——混凝土抗折强度，MPa；

f_t——试件破坏荷载，N；

F——支座间跨度，mm；

l——试件截面高度，mm；

h——试件截面宽度，mm。

（2）抗折强度值的确定

3 个试件测值的算术平均值作为该组试件的强度值（精确至 0.1MPa）；3 个测值中的最大值或最小值中如有 1 个与中间值的差值超过中间值的 15% 时，则把最大值及最小值一并舍弃，取中间值作为该组试件的抗压强度值；如最大值和最小值与中间值的差均超过中间值的 15%，则该组试件的试验结果无效。

3 个试件中若有 1 个折断面位于两个集中荷载之外，则混凝土抗折强度值按另 2 个试件的试验结果计算，若这 2 个测值的差值不大于这两个测值的较小值的 15% 时，则该组试件的抗折强度值按这 2 个测值的平均值计算，否则该组试件的试验无效。若有 2 个试件的下边缘断裂位置位于两个集中荷载作用线之外，则该组试件试验无效。

当试件尺寸为 100mm×100mm×400mm 的非标准试件时，应乘以尺寸换算系数 0.85；当混凝土强度等级 2C60 时，宜采用标准试件；使用非标准试件时，尺寸换算系数应由试验确定。

（三）混凝土劈裂抗拉强度检测

1. 主要仪器

（1）压力机：符合《液压式万能试验机》（GB/T 3159—2008）及《试验机通用技术要求》（GB/T 2611—2007）中的技术要求，测量精度为 ±1%，试件的破坏荷载应大于压力机全量程的 20% 且小于压力机全量程的 80%。

（2）垫块：半径为 75mm 的钢制弧形垫块，其长度与试件相同。

（3）垫条：三合板制成，宽为 20mm，厚度为 3 ~ 4mm。不可重复使用。

2. 检测步骤

（1）试件从养护地点取出且表面擦干后应及时进行试验。试件放于压力机下压板中央，劈裂承压面和劈裂面应与试件成型时的顶面垂直；上下压板与试件之间垫块和垫条各一条，垫块与垫条和试件上下面的中心线对准并与成型时的顶面垂直。把垫条及试件安装在定位架上使用。

（2）开动试验机，当上压板与圆弧形垫块接近时，调整球座，使接触均衡。加荷速度连续均匀，当混凝土强度等级小于 C30 时，加荷速度为每秒 0.02 ~ 0.05MPa；当混凝土强度等级不小于 C30 且小于 C60 时，加荷速度为每秒 0.05 ~ 0.08MPa；当混凝土强度等级不小于 C60 时，加荷速度为每秒 0.08 ~ 0.10MPa。试件接近破坏，停止调整压力机油门，直至试件破坏，记录破坏荷载。

3. 检测结果

混凝土劈裂抗拉强度应按下式计算，精确至 0.01MPa：

$$f_{ts} = \frac{2F}{\pi A} = 0.637\frac{F}{A} \qquad (4-17)$$

式中 f_{ts}——混凝土劈裂抗拉强度，MPa；

F——试件破坏荷载，N；

A——试件劈裂面面积，mm^2。

（1）取 3 个试件测值的算术平均值作为该组试件的强度值，异常数据取舍与混凝土立方体抗压强度相同。

（2）采用 1000mm×100mm×100mm 非标准试件测得的强度值，应乘以换算系数 0.85；当混凝土强度等级不小于 C60 时，宜采用标准试件；采用非标准试件，换算系数应由试验确定。

二、混凝土棱柱体轴心抗压强度检测

（一）主要仪器

压力试验机：符合《液压式万能试验机》（GB/T 3159—2008）及《试验机通用技术要求》（GB/T 2611—2007）中的技术要求，其测量精度为 ±1%，试件破坏荷载应大于压力机全量程的 20% 且小于压力机全量程的 80%。

（二）检测步骤

试件尺寸：边长为 150mm×150mm ×300mm 的棱柱体试件是标准试件；边长为 100mm×100mm×300mm 和 200mm×200mm×400mm 的棱柱体试件是非标准试件。

1. 试件从养护地点取出后应及时进行试验，用干毛巾将试件表面与上下承压板面擦干净。

2. 将试件直立放置在试验机的下压板或钢垫板上，并使试件轴心与下压板中心对准。

3. 开动试验机，当上压板与试件或钢垫板接近时，调整球座，使接触均衡。

4. 应连续均匀地加荷，不得有冲击。试验过程中应连续均匀地加荷，混凝土强度等级小于 C30 时，加荷速度取每秒钟 0.3 ~ 0.5MPa；混凝土强度等级大于（等于）C30 且小于 C60 时，取每秒钟 0.5 ~ 0.8MPa；混凝土强度等级大于（等于）C60 时，取每秒钟 0.8 ~ 1.0MPa。

5. 试件接近破坏而开始急剧变形时，应停止调整试验机油门，直至破坏。然后记录破坏荷载。

（三）检测结果

1.混凝土试件轴心抗压强度按下式计算，精确至 0.1MPa：

$$f_{cq} = \frac{F}{A} \qquad\qquad （4-18）$$

式中 f_{cq}——混凝土轴心抗压强度，MPa；

F——试件破坏荷载，N；

A——试件承压面积，mm^2。

2.取 3 个试件测值的算术平均值作为该组试件的强度值，异常数据取舍与混凝土立方体抗压强度相同。

3.混凝土强度等级小于 C60 时，用非标准试件测得的强度值均应乘以尺寸换算系数，其值为对 200mm×200mm×400mm 试件为 1.05；对 100mm×100mm×300mm 试件为 0.95。当混凝土强度等级大于等于 C60 时，宜采用标准试件；使用非标准试件时，尺寸换算系数应由试验确定。

三、混凝土棱柱体静力受压弹性模量检测

（一）主要仪器

1.压力试验机：符合《液压式万能试验机》（GB/T 3159—2008）及《试验机通用技术要求》（GB/T 2611—2007）中的技术要求，其测量精度为 ±1%，试件破坏荷载应大于压力机全量程的 20% 且小于压力机全量程的 80%。

2.微变形测量仪：测量精度不得低于 0.001mm。

3.微变形测量固定架：标距应为 150mm。

（二）检测步骤

测定混凝土棱柱体静力受压弹性模量的试件与混凝土棱柱体轴心抗压强度试件相同，但每次试验应制备 6 个试件。

1.试件从养护地点取出后先将试件表面与上下承压板面擦干净。

2.先取 3 个试件，测定混凝土的轴心抗压强度 f_{cq}。另 3 个试件用于测定混凝土的弹性模量。

3.测定混凝土弹性模量时，变形测量仪应安装在试件两侧的中线上并对称于试件的两端。

4.调整试件在压力试验机上的位置，使其轴心与下压板的中心线对准。开动压力试验机，当上压板与试件接近时调整球座，使其接触均衡。

5. 加荷至基准应力为 0.5MPa 的初始荷载值 F。保持恒载 60s，并在以后的 30s 内记录每测点的变形读数。立即连续均匀地加荷至应力为轴心抗压强度 f_{cq} 的 1/3 的荷载值 F_a 保持恒载 60s，并在以后的 30s 内记录每一测点的变形读数是 ε。所用加荷速度应连续均匀：混凝土强度等级小于 C30 时，加荷速度取每秒钟 0.3 ～ 0.5MPa；混凝土强度等级大于等于 C30 且小于 C60 时，取每秒钟 0.5 ～ 0.8MPa；混凝土强度等级大于等于 C60 时，取每秒钟 0.8 ～ 1.0MPa。

6. 当以上这些变形值之差与它们平均值之比大于 20% 时，应重新对中试件后重复第 5 步的试验。如果无法使其减少到低于 20% 时，则此次试验无效。

7. 在确认试件对中符合第 6 步规定后，以与加荷速度相同的速度卸荷至基准应力 0.5MPa（F_0），恒载 60s；然后用同样的加荷和卸荷速度以及 60s 的保持恒载（F_0 及 F_a 至少进行两次反复预压。在最后一次预压完成后，在基准应力 0.5MPa（F_0）持荷 60s 并在以后的 30s 内记录每一测点的变形读数 ε_0；再用同样的加荷速度加荷至 F_a 持荷 60s 并在以后的 30s 内记录每一测点的变形读数 ε_a，如图 4-1 所示。

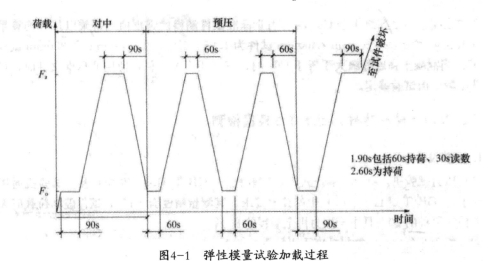

图4-1　弹性模量试验加载过程

8. 卸除变形测量仪，以同样的速度加荷至破坏，记录破坏荷载；如果试件的抗压强度与试件轴心抗压强度（f_{cq}）之差超过试件轴心抗压强度（f_{cq}）的 20% 时，则应在报告中注明。

（三）检测结果

1. 混凝土弹性模量值按下式计算，计算精确至 100MPa：

$$E_c = \frac{F_a - F_0}{A} \times \frac{L}{\Delta n} \tag{4-19}$$

$$\Delta n = \varepsilon_a - \varepsilon_0 \tag{4-20}$$

式中 E_c——混凝土弹性模量，MPa；

F_a——应力为 1/3 轴心抗压强度时的荷载，N；

F_0——应力为 0.5MPa 时的初始荷载，N；

A——试件承压面积，mm^2；

L——测量标距，mm；

Δn——最后一次从 F_0 加荷至 F_a 时试件两侧变形的平均值，mm；

ε_a——F_a 时试件两侧变形的平均值，mm；

ε_0——F_0 时试件两侧变形的平均值，mm。

3. 弹性模量按 3 个试件测值的算术平均值计算。如果其中有 1 个检验弹性模量试件的轴心抗压强度值与用以确定检验控制荷载的轴心抗压强度值相差超过后者的 20% 时，则弹性模量值按另 2 个试件测值的算术平均值计算，如有 2 个试件超过上述规定时，则此次试验无效。

第四节　混凝土耐久性试验

检测的主要依据标准：

《普通混凝土拌合物性能试验方法标准》（GB/T 50080—2016）；

《普通混凝土长期性能和耐久性能试验方法标准》（GB/T 50082—2009）。

试件制作和养护：

试件的制作和养护按《普通混凝土力学性能试验方法标准》（GB/T 50081—2002）进行。制作长期性能和耐久性试验用试件时，不应采用憎水性脱模剂，宜同时制作与相应耐久性试验龄期对应的混凝土立方体抗压强度用试件。除特别指明外，所有试件的各边长、直径、高度的公差不得超过 1mm。

一、混凝土抗渗性检测

方法一：渗水高度法

（一）主要仪器

1. 混凝土抗渗仪：符合《混凝土抗渗仪》（JG/T 249—2009）的规定，并应能使水压按规定的刻度稳定地作用在试件上。抗渗仪施加压力范围为 0.1 ~ 2.0MPa。

2. 试模：圆台体，上口内部直径为 175mm，下口内部直径为 185mm，高度 150mm。

3. 密封材料：石蜡加松香或水泥加黄油，或橡胶套等其他有效密封材料。

4. 梯形板：由尺寸为 200mm×200mm 的透明材料制成，并画有十条等间距、垂直于梯形底线的直线。

5. 钢尺：分度值 1mm。

6. 钟表：分度值 1min。

7. 辅助工具：加压器、烘箱、电炉、浅盘、铁锅、钢丝刷、灰刀。

（二）检测步骤

1. 制作一组 6 个圆台体抗水渗透试件。试件拆模后，用钢丝刷刷去两端面的水泥浆膜，送入标准养护室进行养护。

2. 抗水渗透试验龄期一般为 28d。在达到试验龄期的前 1d，从养护室取出试件，擦拭干净，表面晾干后进行试件密封。

当用石蜡密封时，石蜡中加入少量松香，熔化后裹涂于试件侧面，然后将试件用加压器压入经预热的试模中，压至试件与试模底平齐，试模变冷后解除压力。试模的预热温度达到以石蜡接触试模，即缓慢熔化，但不流淌为准。

用水泥黄油密封时，其质量比应为（2.5～3）∶1。用灰刀将密封材料均匀地刮涂在试件侧面，厚度为 1～2mm，套上试模，将试件压入，使试件与试模底齐平。

试件密封也可采用其他更可靠的密封方式。

3. 试件准备好之后，启动抗渗仪，打开 6 个试位下的阀门，使水充满试位坑，关闭 6 个试位下的阀门，将试件安装在抗渗仪上。

4. 开通 6 个试位下的阀门，使水压在 24h 内恒定控制在（1.2+0.05）MPa，且加压过程不应大于 5min，以达到稳定压力的时间作为试验记录起始时间（精确至 1min）。在稳压过程中随时观察试件端面的渗水情况，当某个试件端面出现渗水时，停止该试件的试验并记录时间，以该试件的高度作为该试件的渗水高度。对于端面未出现渗水情况的，应在试验 24h 后停止试验，并及时取出试件。在试验过程中，发现水从试件周边渗出，应重新密封。

5. 试件从抗渗仪上取出放在压力机上，在试件上下两端面中心处沿直径方向各放一根直径为 6mm 的钢垫条，并确保它们在同一竖直平面内。然后开动压力机，将试件沿纵断面劈裂成为两半。试件劈开后，用防水笔描出水痕。

6. 将梯形板放在试件劈裂面上，用钢尺沿水痕等间距量测 10 个测点的渗水高度值，精确至 1mm。当读数时若遇到某个测点被骨料阻挡，可取靠近骨料两端的渗水高度平均值作为该测点的渗水高度。

（三）检测结果

渗水高度按下式计算：

$$\overline{h_i} = \frac{1}{10}\sum_{j=1}^{10}h_j, \overline{h} = \frac{1}{6}\sum_{i=1}^{6}h_i \qquad (4\text{-}21)$$

式中 h_j——第 i 个试件第 j 个测点处的渗水高度，mm；

　　h_i——第 i 个试件平均渗水高度，mm；

　　h——一组 6 个试件的平均渗水高度，mm。

方法二：逐级加压法

1. 主要仪器

（1）混凝土抗渗仪：符合《混凝土抗渗仪》（JG/T 249—2009）的规定，并应能使水压按规定的刻度稳定地作用在试件上。抗渗仪施加压力范围为 0.1 ~ 2.0MPa。

（2）试模：圆台体，上口内部直径为 175mm，下口内部直径为 185mm，高度 150mm。

（3）密封材料：石蜡加松香或水泥加黄油，或橡胶套等。

（4）钢尺：分度值 1 mm。

（5）钟表：分度值 1min。

（6）辅助工具：加压器、烘箱、电炉、浅盘、铁锅、钢丝刷、灰刀。

2. 检测步骤

（1）试件制作安装同渗水高度法。

（2）试验加压，从 0.1MPa 开始，以后每隔 8h 增加 0.1MPa 水压，随时观察试件端面的渗水情况，当 6 个试件中有 3 个试件表面出现渗水时，或加压至规定压力（设计抗渗等级）在 8h 内 6 个试件中表面渗水试件少于 3 个，停止试验，并记下此时的水压。在试验过程中，发现水从试件周边渗出，应重新进行密封。

3. 检测结果

混凝土抗渗等级以 6 个试件中 4 个试件未出现渗水的最大水压乘以 10 来确定，按下式计算：

$$P=10H\text{-}1 \qquad (4\text{-}22)$$

式中 P——混凝土抗渗等级；

　　H——6 个试件中 3 个试件出现渗水时的水压力，MPa。

二、混凝土抗冻性检测（慢冻法）

（一）主要仪器

1. 冻融试验箱：能通过气冻水融进行冻融循环。在满载运行时，冷冻期间冻融试验箱空气的温度能保持在 -20 ~ -18℃；融化期间冻融试验箱水的温度能保持在 18 ~ 20℃；满载时冻融试验箱内各点温度级差不应超过 2℃。

2. 自动冻融设备：具有控制系统自动控制、数据曲线实时动态显示、断电记忆和试验数据自动存储等功能。

3. 试验架：不锈钢或其他耐腐材料制作，尺寸与冻融试验箱和所装试件相适应。

4. 称量设备：最大量程 20kg，感量不超过 5g。

5. 压力机：符合《普通混凝土力学性能试验方法标准》（GB/ 50081—2002）相关要求。

6. 温度传感器：测量范围不小于 -20 ～ 20℃，测量精度为 ±0.5℃。

（二）试件准备

试验试件尺寸为 100mm×100mm×100mm 的立方体，一组 3 块。

（三）检测步骤

1. 标准养护或同条件养护的试件应在养护龄期为 24d 时提前将试件从养护地点取出，随后应将试件放在（20±2）℃水中浸泡，水面应高出试件顶面 20 ～ 30mm，时间为 4d。始终在水中养护的试件，当养护龄期达到 28d 时，可直接进行后续试验。

2. 试件养护到 28d 及时取出，用湿布擦除表面水分，对外观尺寸进行测量（尺寸要符合《普通混凝土长期性能和耐久性能试验方法标准》要求，编号，称重后置入试验架内，试验架与试件接触的面积不宜超过试件底面积的 1/5。试件与箱体内壁之间至少留有 20mm 的空隙。

3. 冷冻时间应在冻融箱内温度降至 -18℃时开始计算。每次装完试件到温度降至 -18℃所需的时间应在 1.5 ～ 2.0h 内。

4. 每次冻融循环中试件的冷冻时间不应小于 4h。

5. 冷冻结束后，立即加入温度为 18 ～ 20℃的水，使试件转入融化状态，加水时间不应超过 10mino 控制系统应确保 30min 内，水温不低于 10℃，且在 30min 后水温能保持在 18 ～ 20℃。冻融箱内的水位应至少高出试件表面 20mm。融化时间不应小于 4h。融化完毕视为该次冻融循环结束，可进入下一次冻融循环。

6. 每 25 次循环后宜对试件进行一次外观检查。当出现严重破坏时，应立即进行称重。当一组试件的平均质量损失超过 5% 时，可停止试验。

7. 试件达到规定的冻融循环次数后，试件进行称重及外观检查，应详细记录试件表面破损、裂缝及边角缺损情况。试件严重破坏时，先用高强石膏找平，然后按《普通混凝土力学性能试验方法标准》（GB/T 50081—2002）的相关规定抗压。

8. 当冻融循环因故中断且试件处于冷冻状态，试件应继续保持冷冻状态，直至恢复冻融循环试验为止。当试件处于融化状态因故中断试验，中断时间不应超过两个冻融循环时间。整个试验过程中，超过两个冻融循环时间的中断故障次数不得超过两次。

9. 部分试件由于失效破坏或停止试验被取出，应用空白试件填充空位。

10. 对比试件应继续保持原有的养护条件，直到完成冻融循环后，与冻融循环的试件同时进行抗压强度试验。

（三）检测结果

1. 出现下列情况之一，停止试验

①达到规定的循环次数；②抗压强度损失率已达 25%；③质量损失率已达 5%。

2. 结果计算及处理

（1）强度损失率按下式计算，精确至 0.1%：

$$\Delta f_c = \frac{f_{c0} - f_{cn}}{f_{c0}} \times 100 \tag{4-23}$$

式中 Δf_c——n 次冻融循环后的混凝土抗压强度损失率，%；

f_{c0}——对比的一组混凝土试件的抗压强度测定值（精确至 0.1MPa），MPa；

f_{cn}——n 次冻融循环后的一组混凝土抗压强度测定值（精确至 0.1 MPa），MPa。

f_{c0} 和 f_{cn} 以三个试件抗压强度试验结果的算数平均值作为测定值。当三个值中最大值或最小值与中间值之差超过中间值的 15%，应剔除此值，再取其余两值的算数平均值作为测定值；当三个值中最大值和最小值与中间值之差均超过中间值的 15%，应取中间值作为测定值。

（2）单个试件的质量损失率按下式计算，精确至 1%：

$$\Delta W_{ni} = \frac{W_{0i} - W_{ni}}{W_{0i}} \times 100 \tag{4-24}$$

式中 ΔW_{ni}——n 次冻融循环后，第 i 个混凝土试件的质量损失率，%；

W_{0i}——冻融循环试验前，第 i 个混凝土试件的质量，g；

W_{ni}——n 次冻融循环后，第 i 个混凝土试件的质量，g。

（3）一组试件的平均质量损失率按下式计算，精确至 0.1%：

$$\Delta W_n = \frac{1}{3} \left(\sum_{i=1}^{3} \Delta W_{ni} \right) \times 100 \tag{4-25}$$

式中 ΔW_n——n 次冻融循环后，一组混凝土试件的平均质量损失率，%。

（4）每组试件的平均质量损失率应以三个试件的质量损失率试验结果的算数平均值作为测定值，当某个试验结果出现负值，应取 0，再取三个试件的算数平均值。当三个值中最大值或最小值与中间值之差超过 1%，剔除此值，再取其余两值的算数平均值作为测定值；当三个值中最大值和最小值与中间值之差均超过 1% 时，应取中间值作为测定值。

（5）抗冻标号应以抗压强度损失率不超过 25% 或质量损失率不超过 5% 时的最

大冻融循环次数按规定确定。

三、给定条件下混凝土中钢筋锈蚀检测

（一）主要仪器

1. 混凝土碳化试验设备：包括碳化箱、供气装置及气体分析仪。

2. 钢筋定位板：宜采用木质五合板或薄木板等材料制作，尺寸应为 100mm×100mm，板上应钻有穿插钢筋的圆孔，如图4-2所示。

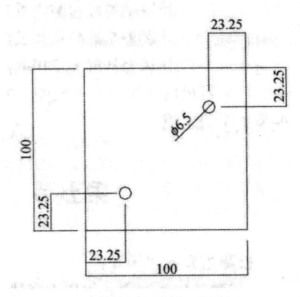

图4-2　钢筋定位板示意图

3. 称量设备：最大量程应为1kg，感量应为0.001g。

（二）试件的制作与处理

1. 采用尺寸为100mm×100mm×300mm的棱柱体试件，每组应为3块。

2. 试件中埋置的钢筋应采用直径为6.5mm的Q235普通低碳钢热轧盘条调直截断制成，其表面不得有锈坑及其他严重缺陷。每根钢筋长应为（299±1）mm，用砂轮将其一端磨出长约30mm的平面，并用钢字打上标记。钢筋应采用12%盐酸溶液进行酸洗，并经清水漂净后，用石灰水中和，再用清水冲洗干净，擦干后应在干燥器中至少存放4h，然后应用天平称取每根钢筋的初重（精确至0.001g）。钢筋应存放在干燥器中备用。

3. 试件成型前应将套有定位板的钢筋放入试模，定位板应紧贴试模的两个端板，安放完毕后使用丙酮擦净钢筋表面。

4. 试件成型后，在（20±2）℃的温度下盖湿布养护24h后编号拆模，并应拆除定位板。然后应用钢丝刷将试件两端部混凝土刷毛，并用水灰比小于试件用混凝土水灰比、水泥和砂子比例为1：2的水泥砂浆抹上不小于20mm厚的保护层，并应确保钢筋端部密封质量。试件应在就地潮湿养护（或用塑料薄膜盖好）24h后，移入标准养护室养护至28d。

（三）检测步骤

1. 钢筋锈蚀试验的试件应先进行碳化，碳化应在28d龄期时开始。碳化在二氧化碳浓度为（20±3）%、相对湿度为（70±5）%和温度为（20±2）℃的条件下进行，碳化时间应为28d。对于有特殊要求的混凝土中钢筋锈蚀试验，碳化时间可再延长14d或者28d。

2. 试件碳化处理后应立即移入标准养护室放置。在养护室中，相邻试件间的距离不应小于50mm，并应避免试件直接淋水。在潮湿条件下存放56d后将试件取出，然后破型，破型时不得损伤钢筋。先测出碳化深度，然后进行钢筋锈蚀程度的测定。

3. 试件破型后，取出试件中的钢筋，并刮去钢筋上黏附的混凝土。用12%盐酸溶液对钢筋进行酸洗，经清水漂净后，再用石灰水中和，最后以清水冲洗干净。将钢筋擦干后在干燥器中至少存放4h，然后对每根钢筋称重（精确0.001g），并计算钢筋锈蚀失重率。酸洗钢筋时，在洗液放入两根尺寸相同的同类无锈钢筋作为基准校正。

（四）检测结果

1. 钢筋锈蚀失重率应按下式计算，精确至0.01：

$$L_w = \frac{\omega_0 - \omega \dfrac{(\omega_{01} - \omega_1) + (\omega_{01} - \omega_2)}{2}}{2} \quad （4\text{-}26）$$

式中 L_w ——钢筋锈蚀失重率，%；

ω_0 ——钢筋未锈前质量，g；

ω ——锈蚀钢筋经过酸洗处理后的质量，g；

ω_{01}、ω_{02} ——分别为基准校正用的两根钢筋的初始质量，g；

ω_1、ω_2 ——分别为基准校正用的两根钢筋酸洗后的质量，g。

2. 每组取3个混凝土试件中钢筋锈蚀失重率的平均值作为该组混凝土试件中钢筋锈蚀失重率测定值。

第五节　混凝土强度无损检测

在正常情况下，混凝土强度的验收和评定应按现行有关国家标准执行。当对结构中的混凝土有强度检测要求时，可采用现场无损检测法，如"超声 - 回弹综合测强法用推定结构混凝土的强度"，作为混凝土结构处理的一个依据。此法不适用于检测因冻害、化学侵蚀、火灾、高温等已造成表面疏松、剥落的混凝土。

一、主要仪器

第一，回弹仪：数字式和指针直读式回弹仪应符合国家计量检定规程《回弹仪检定规程》（JJG 817—2011）的要求。回弹仪使用时，环境温度应为 -4 ~ 40℃。水平弹击时，在弹击锤脱钩的瞬间，回弹仪弹击锤的冲击能量应为 2.207J；弹击锤与弹击杆碰撞的瞬间，弹击拉簧应处于自由状态，且弹击锤起跳点应位于指针指示刻度上的"0"位；在洛氏硬度 HRC 为 60±2 的钢砧上，回弹仪的率定值应为 80±2。数字式回弹仪应带有指针直读示值系统，数字显示的回弹值与指针直读示值相差不超过 1。

第二，混凝土超声波检测仪：有模拟式和数字式，应符合现行行业标准《混凝土超声波检测仪》（JG/T 5004—1992）的要求，超声波检测仪器使用的环境温度应为 0 ~ 40℃。具有波形清晰、显示稳定的示波装置；声时最小分度值为 0.1 μs；具有最小分度值为 1dB 的信号幅度调整系统；接收放大器频响范围 10 ~ 500kHz，总增益不小于 80dB，接收灵敏度（信噪比 3：1 时）不大于 50/V；电源电压波动范围在标称值 ±10% 情况下能正常工作；连续正常工作时间不少于 4h。

第三，换能器：换能器的工作频率宜在 50 ~ 100kHz 范围内，换能器的实测主频与标称频率相差不应超过 ±10%。

二、检测步骤

结构或构件上的测区应编号，并记录测区位置和外观质量情况。对结构或构件的每一测区，应先进行回弹测试，然后进行超声测试。

（一）检测数量

1. 按单个构件检测时，应在构件上均匀布置测区，每个构件上测区数量不应少于 10 个；
2. 同批构件按批抽样检测时，构件抽样数不应少于同批构件的 30%，且不应少于

10件；

对一般施工质量的检测和结构性能的检测，可按照现行国家标准《建筑结构检测技术标准》（GB/T 50344—2004）的规定抽样。

3. 对某一方向尺寸不大于4.5m且另一方向尺寸不大于0.3m的构件，其测区数量可适当减少，但不应少于5个。

（二）构件的测区布置

1. 测区宜优先布置在构件混凝土浇筑方向的侧面；

2. 测区可在构件的两个对应面、相邻面或同一面上布置；

3. 测区宜均匀布置，相邻两测区的间距不宜大于2m；

4. 测区应避开钢筋密集区和预埋件；

5. 测区尺寸宜为200mm×200mm，采用平测时宜为400mm×400mm；

6. 测试面应清洁、平整、干燥，不应有接缝、施工缝、饰面层、浮浆和油垢，并应避开蜂窝、麻面部位。必要时，可用砂轮片清除杂物和磨平不平整处，并擦净残留粉尘。

（三）回弹值测试

1. 回弹测试时，应始终保持回弹仪的轴线垂直于混凝土测试面。宜首先选择混凝土浇筑方向的侧面进行水平方向测试。如不具备浇筑方向侧面水平测试的条件，可采用非水平状态测试，或测试混凝土浇筑的顶面或底面。

2. 测量回弹值应在构件测区内超声波的发射和接收面各弹击8点；超声波单面平测时，可在超声波的发射和接收测点之间弹击16点。每一测点的回弹值，测读精确度至1。

3. 测点在测区范围内宜均匀布置，但不得布置在气孔或外露石子上。相邻两测点的间距不宜小于30mm；测点距构件边缘或外露钢筋、铁件的距离不应小于50mm，同一测点只允许弹击一次。

（四）超声波声时测试

1. 超声测点应布置在回弹测试的同一测区内，每一测区布置3个测点。超声测试宜优先采用对测或角测，当被测构件不具备对测或角测条件时，可采用单面平测。

2. 超声测试时，换能器辐射面应通过耦合剂与混凝土测试面良好耦合。

3. 声时测量应精确至0.1μs，超声测距测量应精确至1.0mm，且测量误差不应超过±1%。声速计算应精确至0.01km/s。

三、检测结果

（一）回弹值计算

测区回弹代表值从该测区的 16 个回弹值中剔除 3 个较大值和 3 个较小值，根据其余 10 个有效回弹值按下列公式计算，精确至 0.1：

$$R = \frac{1}{10} \sum_{i=1}^{10} R_i \qquad (4\text{-}27)$$

式中 R——测区回弹代表值，取有效测试数据的平均值；

R_i——第 i 个测点的有效回弹值。

1. 非水平状态下测得的回弹值，应按下列公式修正：

$$R_a = R + R_{aa} \qquad (4\text{-}28)$$

式中 R_a——修正后的测区回弹代表值；

R_{aa}——测试角度为 α 时的测区回弹修正值。

2. 在混凝土浇筑的顶面或底面测得的回弹值，应按下列公式修正：

$$R_a = R + (R_a^{\ b} + R_a^{\ t}) \qquad (4\text{-}29)$$

式中 $R_a^{\ t}$；——测量顶面时的回弹修正值；

$R_a^{\ b}$——测量底面时的回弹修正值。

3. 测试时回弹仪处于非水平状态，同时测试面又非混凝土浇筑方向的侧面，则应对测得的回弹值先进行角度修正，然后对角度修正后的值再进行顶面或底面修正。

（二）超声波声速值计算

1. 当在混凝土浇筑方向的侧面对测时，测区混凝土中声速代表值应根据该测区中 3 个测点的混凝土中声速值，按下列公式计算：

$$v = \frac{1}{3} \sum_{i=1}^{3} \frac{l_i}{t_i - t_0} \qquad (4\text{-}30)$$

式中 v——测区混凝土中声速代表值，km/s；

l_i——第 i 个测点的超声测距，mm，角测时测距按《超声回弹综合法检测混凝土强度技术规程》（CECS02：2005）附录 B 第 B.1 节计算;.

t_i——第 i 个测点的声时读数，μs；

t_0——声时初读数，μs。

2. 当在混凝土浇筑的顶面或底面测试时，测区声速代表值应按下列公式修正：

$$v_a = \beta \cdot v \qquad (4\text{-}31)$$

式中 v_a——修正后的测区混凝土中声速代表值，km/s；

β——超声测试面的声速修正系数，在混凝土浇筑的顶面和底面间对测或斜测时，

0=1.034；在混凝土浇灌的顶面或底面平测时，测区混凝土中声速代表值应按《超声回弹综合法检测混凝土强度技术规程》计算和修正。

四、混凝土强度推定

计算混凝土抗压强度换算值时，非同一测区内的回弹值和声速值不得混用。

（一）结构或构件中第 i 个测区的混凝土抗压强度换算值推定（精确至 0.1MPa）

当粗骨料为卵石时：

$$f_{cu,i}^c = 0.0056 v_{ai}^{1.439} R_{ai}^{1.769} \qquad (4-32)$$

当粗骨料为碎石时：

$$f_{cc,i}^c = 0.0162 v_i^{1.656} R_{ai}^{1.140} \qquad (4-33)$$

式中 $f_{cc,i}^e$ ——第 i 个测区混凝土抗压强度换算值，MPa；

R_{ai} ——测区回弹代表值；

v_{ai} ——测区声速代表值，km/s。

（二）结构或构件混凝土抗压强度推定值 $f_{cu,e}$

按下列规定确定：

1. 当结构或构件的测区抗压强度换算值中出现小于 10.0MPa 的值时，该构件的混凝土抗压强度推定值 $f_{cu,e}$ 小于 10MPa。

2. 当结构或构件中测区数少于 10 个时，$f_{cu,e}$ 取结构或构件最小的测区混凝土抗压强度换算值，精确至 0.1MPa。

3. 当结构或构件中测区数不少于 10 个或按批量检测时，$f_{cu,e}$ 按下式计算：

$$f_{cu,e} = m_{f_{cu}^c} - 1.645 s \qquad (4-34)$$

式中，$m_{f_{cu}^c}$ ——结构或构件测区混凝土抗压强度换算值的平均值（精确至 0.1），MPa；

$s_{f_{cu}^c}$ ——结构或构件测区混凝土抗压强度换算值的标准差（精确至 0.1），MPa。

4. 对按批量检测的构件，当一批构件的测区混凝土抗压强度标准差出现下列情况之一时，该批构件应全部重新按单个构件进行检测：

（1）一批构件的混凝土抗压强度平均值 $m_{f_{cu}^c} < 25.0$MPa，标准差 $s_{f_{cu}^c} > 4.50$MPa；

（2）一批构件的混凝土抗压强度平均值 $m_{f_{cu}^c} = 25.0 \sim 50.0$MPa，标准差 $s_{f_{up}} > 4.50$MPa；

（3）一批构件的混凝土抗压强度平均值 $m_{f_{cu}^c} > 50.0$MPa，标准差 $s_{f_{cu}^c} > 6.50$MPa。

第五章　防水材料检测

第一节　防水材料检测的理论知识

一、防水材料的分类、品种、规格

用于建筑物或构筑物防漏、防渗、防潮功能的材料，称之为防水材料。

（一）防水材料的分类

防水材料按产品形状分，有片状（防水卷材）、粉状（防水粉）、液态（防水涂料）三大类；按材料变形特征分，有柔性防水材料和刚性防水材料两大类。

柔性防水材料具有较高的弹性或塑性变形能力，主体结构或基层微变形时，保持材料自身的结构连续性而不开裂；刚性防水材料具有较高的弹性模量、自身变形能力小，使用过程中材料保持基本不变的形状和体积，适应主体结构或基层的基本不变形的部位。

（二）防水材料的品种

建筑防水材料品种多种多样，常见的主要有：弹性体改性沥青防水卷材、塑性体改性沥青防水卷材、沥青复合胎柔性防水卷材、自粘聚合物改性沥青防水卷材、带自粘层的防水卷材、预铺/湿铺防水卷材、胶粉改性沥青玻纤毡与聚乙烯膜增强防水卷材、胶粉改性沥青聚酯毡与玻纤网格布增强防水卷材、改性沥青聚乙烯胎防水卷材、聚氯乙烯（PVC）防水卷材、氯化聚乙烯防水卷材、聚氨酯防水涂料、聚合物水泥防水涂料、聚合物乳液建筑防水涂料、路桥用水性沥青基防水涂料、道桥用防水涂料、水乳型沥青防水涂料、水泥基渗透结晶型防水材料、无机防水堵漏材料、外墙无机建筑涂料、膨润土橡胶遇水膨胀止水条、硫化橡胶或热塑性橡胶、建筑石油沥青等。

（三）防水材料的规格

不同防水材料的规格有多种，如工程中常用的弹性体改性沥青防水卷材（SBS）、塑性体改性沥青防水卷材（APP）规格，见表5-1。

表5-1　弹性体改性沥青防水卷材（SBS）和塑性体改性沥青防水卷材（APP）规格

卷材公称宽度/mm	1000
聚酯毡卷材（PY）公称厚度/mm	3、4、5
玻纤毡卷材（G）公称厚度/mm	3、4
玻纤毡增强聚酯毡卷材（PYG）公称厚度/mm	5
每卷卷材公称面积/m²	7.5、10、15

表5-2　建筑石油沥青按针入度不同划分的牌号

针入度	牌号		
	10	30	40
25° C.100g＞5s（1/10mm）	10～25	26～35	36～50

二、常用防水材料的主要参数及指标

（一）弹性体和塑性体改性沥青防水卷材单位面积质量、面积及厚度

弹性体（SBS）和塑性体（APP）改性沥青防水卷材的单位面积质量、面积及厚度见表5-3。

表5-3　SBS、APP的单位面积质量、面积及厚度

公称厚度/mm		3			4			5		
上表面材料		PE	s	M	PE	S	M	PE	S	M
下表面材料		PE	PE、S		PE	PE、S		PE、S	PE、S	
每卷面积/m²	公称面积	10、15			10、7.5			7.5		
	偏差	±0.10			±0.10			±0.10		
单位面积质量/（kg/m²）≥		3.3	3.5	4.0	4.3	4.5	5.0	5.3	5.5	6.0
厚度/mm	平均值≥	3.0			4.0			5.0		
	最小值	2.7			3.7			4.7		

（二）弹性体改性沥青防水卷材的技术指标

弹性体改性沥青防水卷材（SBS）的主要性能，见表5-4。

表5-4　SBS的主要性能

序号	项目		指标				
			I		II		
			PY	G	PY	G	PYG
1	可溶物量/（g/m²）≥	3 mm	2100				—
		4 mm	2900				—
		5 mm	3500				
		试验现象	—	胎基不燃	—	胎基不燃	—
2	耐热度	℃	90		105		
		≤mm	2				
		试验现象	无流淌、滴落				
3	低温柔性/℃		-20		-25		
			无裂缝		无裂缝		
4	不透水性，30min		0.3MPa	0.2MPa	0.3MPa		
5	拉力	最大峰拉力/（N/50mm）≥	500	350	800	500	900
		次高峰拉力/（N/50mm）≥	—	—	—	—	800
6	延伸率	试验现象	拉伸过程中，试件中部无沥青涂盖层开裂或与胎基分离				
		最大峰时延伸率/%>	30	—	40	—	—
		第二峰时延伸率/%>	—		—		15
7	浸水后质量增加/%≤	PE、S	1.0				
		M	2.0				
8	热老化	拉力保持率/%≥	90				
		延伸率保持率/%≥	80				
		低温柔性/℃	-15		-20		
			无裂缝				
		尺寸变化率/%≤	0.7	—	0.7	—	0.3
		质量损失率/%≤	1.0				
9	渗油性张数≤		2				
10	接缝剥离强度/（N/mm）≥		1.5				
11	钉杆撕裂强度a/NN≥		—				300
12	矿物粒料黏附性b/g≤		2.0				
13	卷材下表面沥青涂盖层厚度c/mm≥		1.0				
14	人工气候加速老化	外观	无滑动、滴淌、滴落				
		拉力保持率/%≥	80				
		低温柔性/℃	-15		-20		
			无裂缝				

（三）塑性体改性沥青防水卷材的技术指标

塑性体改性沥青防水卷材（APP）的主要性能，见表5-5。

表5-5　APP的主要性能

序号	项目		指标				
			I		II		
			PY	G	PY	G	PYG
1	可溶物量/（g/m²）≥	3 mm	2100				—
		4 mm	2900				—
		5 mm			3500		
		试验现象	—	胎基不燃	—	胎基不燃	—
2	耐热度	℃	110		130		
		≤mm	2				
		试验现象	无流淌、滴落				
3	低温柔性/℃		-7		-15		
			无裂缝		无裂缝		
4	不透水性，30min		0.3MPa	0.2MPa	0.3MPa		
5	拉力	最大峰拉力/（N/50mm）≥	500	350	800	500	900
		次高峰拉力/（N/50mm）≥	—	—	—	—	800
6	延伸率	试验现象	拉伸过程中，试件中部无沥青涂盖层开裂或与胎基分离				
		最大峰时延伸率/%>	25	—	40	—	—
		第二峰时延伸率/%>	—	—	—	—	15
7	浸水后 质量 增加/%≤	PE、S	1.0				
		M	2.0				
8	热老化	拉力保持率/%≥	90				
		延伸率保持率/%≥	80				
		低温柔性/℃	-2		-10		
			无裂缝				
		尺寸变化率/%≤	0.7	—	0.7	—	0.3
		质量损失率/%≤	1.0				
9	接缝剥离强度/（N/mm）≥		1.0				
10	钉杆撕裂强度a/NN≥		—				300
11	矿物粒料黏附性b/g≤		1.0				
12	卷材下表面沥青涂盖层厚度c/mm≥		1.0				
13	人工气候加速老化	外观	无滑动、滴淌、滴落				
		拉力保持率/%≥	80				
		低温柔性/℃	-2		-10		
			无裂缝				

（四）聚氨酯防水涂料的主要技术指标

1. 聚氨酯防水涂料的基本性能，见表 5-6。

表5-6　聚氨酯防水涂料的基本性能

序号	项目		技术指标		
			Ⅰ	Ⅱ	Ⅲ
1	固含量/%≥	单组分	85.0		
		多组分	92.0		
2	表干时间/h≤		12		
3	实干时间/h≤		24		
4	流平性a		20min时，无明显齿痕		
5	拉伸强度/MPa≥		2.00	6.00	12.00
6	断裂伸长率/%≥		500	450	250
7	撕裂强度/（N/mm）≥		15	30	40
8	低温弯折性		-35℃，无裂纹		
9	不透水性		0.3MPa，120min，不透水		
10	加热伸缩率/%		-4.0～+1.0		
11	黏结强度/MPa≥		1.0		
12	吸水率/%≤		5.0		
13	定伸时老化	加热老化	无裂纹及变形		
		人工气候老化b	无裂纹及变形		
14	热处理（80℃，168h）	拉伸强度保证率/%	80～150		
		断裂伸长率/%≥	450	400	200
		低温弯折性	-30℃，无裂纹		
15	碱处理 [0.1%NaOH+饱和 Ca（OH）$_2$溶液，168h]	拉伸强度保证率/%	80～150		
		断裂伸长率/%≥	450	400	200
		低温弯折性	-300，无裂纹		
16	酸处理 （2%H$_2$SO$_4$溶液，168h）	拉伸强度保证率/%	80～150		
		断裂伸长率/%≥2	450	400	200
		低温弯折性	-30℃，无裂纹		
17	人工气候老化b （1000h）	拉伸强度保证率/%	80～150		
		断裂伸长率/%≥	450	400	200
		低温弯折性	-30℃，无裂纹		
18	燃烧性能b		B$_2$-E（点火15s，燃烧20s，火焰长度Fs≤150mm，无燃烧滴落物引燃滤纸）		

2. 聚氨酯防水涂料的有害物质含量限定，见表5-7。

表5-7 聚氨酯防水涂料的有害物质含量

序号	项目	有害物质	
		A类	B类
1	挥发类有机物（VOC）/（g/L）≤	50	200
2	苯/（mg/kg）≤	200	200
3	甲苯+乙苯+二甲苯/（g/kg）≤	1.0	5.0
4	苯酚/（mg/kg）≤	100	100
5	蒽/（mg/kg）≤	10	10
6	萘/（mg/kg）≤	200	200
7	游离DTI/（g/kg）≤	3	7
8	可溶性重金属a/（mg/kg）≤	铅	90
		镉	75
		铬	60
		汞	60

三、有关抽样方法及复检的规定

（一）沥青和高分子防水卷材的抽样方法及复检规定

1. 沥青和高分子防水卷材抽样方法

按《建筑防水卷材试验方法第1部分：沥青和高分子防水卷材抽样规则》（GB/T 328.1-2007）规定形成试样和试件的过程，如图5-1所示，抽样数量见表5-8或双方协议。

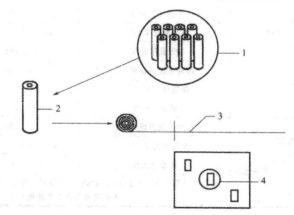

图5-1 试样和试件的形成过程

1-交付批；2-样品；3-试样；4-试件

表5-8　沥青和高分子防水卷材抽样数量

批量/m²		样品数量/卷
以上	直到	
—	1000	1
1000	2500	2
2500	5000	3
5000		4

2. 沥青和高分子防水卷材试样和试件

裁剪试样前，样品在（20±10）℃放置至少24h。无争议时，可在产品规定的展开温度范围内采取试样。在平面上展开抽取的样品，根据试样所需的长度在整个卷材宽度上裁取。如无合适的包装保护，卷材外面的一层去掉后再裁取。试样要标记清楚卷材的上表面和机器生产方向。

若无其他相关标准规定，裁取试件前，试样在（23±2）℃放置至少20h。试样不应存在由于抽样或运输造成的折痕，保证不存在《建筑防水卷材试验方法第2部分：沥青防水卷材外观》（GB/T 328.2—2007）和《建筑防水卷材试验方法第3部分：高分子防水卷材外观》（GB/T 328.3—2007）规定的外观缺陷。

按相关检测性能和需要标准规定裁取试件的数量，并且试件上标记清楚卷材的上表面和机器生产方向。

3. 复检规定

不同品种的防水卷材，复检有不同的规定，如弹性体和塑性体改性沥青防水卷材（SBS 和 APP），单项判定：单位面积质量、面积、厚度及外观，若其中一项不符合规定，允许从该批产品中再随机抽检五卷样品，对不合格项目进行复查，如果全部达到标准规定，则判定为合格；否则，该批产品不合格。材料性能指标，若有一项不符合标准规定，允许从该批产品中再随机抽检五卷，从中任取一卷，对不合格项目进行单项复验，达到标准规定，则判定为合格。

（二）聚氨酯防水涂料抽样方法及复检规定

聚氨酯防水涂料型式检验：

每批产品中随机抽取两组样品，一组用于检验，另一组样品封存备用。每组至少5kg（多组分产品按比例抽取），抽样前产品应搅拌均匀。若采用喷涂方式取样则数量根据需要抽取。

物理力学性能检验，若有一项指标不符合标准规定，则用备用样对不合格项目进行单项复验，若符合标准规定，则判定产品性能合格，否则判定为不合格。

四、屋面、地下防水等级及对防水材料的要求

（一）屋面防水等级及对防水材料的要求

1. 防水等级和防水做法

按照《屋面工程技术规范》（GB 50345—2012）要求，屋面防水等级分为 I、II 级。屋面卷材、涂膜防水等级和做法，见表 5-9。

表5-9　屋面卷材、涂膜防水等级和做法

防水等级	防水做法
I 级	卷材防水层和卷材防水层、卷材防水层和涂膜防水层、复合防水层
II 级	卷材防水层、涂膜防水层、复合防水层

注：在 I 级屋面防水做法中，防水层仅作单层卷材时，应符合有关单层防水卷材屋面技术的规定。

2. 防水材料的要求

（1）防水卷材

防水材料可按合成高分子和高聚物改性沥青防水卷材选用，所选卷材外观质量和品种、规格应符合现行有关材料标准。

根据当地历年最高气温、最低气温、屋面坡度和使用条件等因素，选择耐热、低温柔性相适应的卷材。

根据地基变形程度、结构形式、当地年温差、日温差和振动等因素，选择拉伸性能相适应的卷材。

根据屋面卷材的暴露程度，选择耐紫外线、耐老化、耐霉烂相适应的卷材。

种植隔热的屋面应选择耐根穿刺防水卷材。

（2）防水涂料

防水涂料可按合成高分子防水涂料、聚合物水泥防水涂料和高聚物改性沥青防水涂料选用，所选涂料外观质量和品种、型号应符合现行有关材料标准。

根据当地历年最高气温、最低气温、屋面坡度和使用条件等因素，选择耐热性、低温柔性相适应的涂料。

根据地基变形程度、结构形式、当地年温差、日温差和振动等因素，选择拉伸性能相适应的涂料。

根据屋面涂膜的暴露程度，选择耐紫外线、耐老化相适应的涂料。屋面坡度大于 25% 时，应选择成膜时间转短的涂料。

（二）地下防水等级及对防水材料的要求

1. 地下防水等级

根据《地下防水工程质量验收规范》（GB 50208—2011）和《地下工程防水技术规范》（GB 50108—2008）规定，地下防水等级分为1、2、3、4等四个等级。各个等级的防水标准和适用范围见表5-10。

表5-10　地下防水等级的防水标准和适用范围

等级	防水标准	适用范围
1级	不允许渗水，结构表面无湿渍	人员长期停留的场所；因有少量的湿渍会使物品变质、失效的储存场所及严重影响设备正常运转及危及工程安全运营的部位；极重要的战备工程、地铁车站
2级	不允许漏水，结构表面可有少量湿渍；房屋建筑地下工程：总湿渍面积不大于总防水面积（包括顶板、墙面、地面）的1%。；任意100m²防水面积上的湿渍不超过2处，单个湿渍的最大面积不大于0.1m²；其他地下工程：湿渍总面积不应大于总防水面积的2%。；任意100m²防水面积上的湿渍不超过3处，单个湿渍的最大面积不大于0.2m²；其中，隧道工程平均渗水量不大于0.05L/（m²·d），任意100m²防水面积上的渗水量不大于0.15L/（m²·d）	人员经常停留的场所；在有少量湿渍情况下不会使物品变质、失效的储存场所及基本不影响设备正常运转和工程安全运营的部位，主要的战备工程
3级	有少量漏水点，不得有线流和漏泥砂；任意100m²防水面积上的漏水或湿渍点数不超过7处，单个漏水点的最大漏水量不大于2.5L/d，单个湿渍的最大面积不大于0.3m²	人员临时活动的场所；一般战备工程
4级	有漏水点，不得有线流和漏泥砂；整个工程平均漏水量不大于2L/（m²·d），任意100m²防水面积上的平均漏水量不大于4L/（m²·d）	对渗漏无严格要求的过程

2. 地下防水材料及设防的要求

处于侵蚀性介质中的工程，应采用耐侵蚀的防水混凝土、防水砂浆、防水卷材或防水涂料；处于冻融侵蚀环境中的地下过程，混凝土抗冻循环次数不得少于300次；结构刚度较差或受振动作用的工程，宜采用延伸率较大的卷材、涂料等柔性防水材料。

地下防水设防有明挖法和暗挖法防水设防，不同部位防水设防选材要求不同。明挖法和暗挖法地下工程采取的防水设防措施，见表5-11和表5-12。

表5-11　明挖法地下工程防水设防

工程部位	主体结构							施工缝							后浇带				变形缝（诱导缝）					
防水措施	防水混凝土	防水卷材	防水涂料	塑料防水板	膨润土防水材料	防水砂浆	金属板	遇水膨胀止水条曲	外贴式止水带	中埋式止水带	外抹防水砂浆	外涂防水涂料	水泥基渗透结晶型防水涂料	预埋注浆管	补偿收缩混凝土	外贴式止水带	预埋注浆管	遇水膨胀止水条（胶）	中埋式止水带	外贴式止水带	可卸式止水带	防水密封材料	外贴防水卷材	外涂防水涂料
防水等级 1级	应选	应选一至二种							应选二种							应选二种				应选一至二种					
防水等级 2级	应选	应选一种							应选一至二种						应选	应选一至二种			应选	应选一至二种					
防水等级 3级	宜选	宜选一种							宜选一至二种							宜选一至二种				宜选一至二种					
防水等级 4级	宜选	—							宜选一种							宜选一种				宜选一种					

表5-12　暗挖法地下工程防水设防

工程部位	衬砌结构							内衬砌施工缝						内衬砌变形缝（诱导缝）				
防水措施	防水混凝土	防水卷材	防水涂料	塑料防水板	膨润土防水材料	防水砂浆	金属板防水板	遇水膨胀止水条	外贴式止水带	中埋式止水带	防水密封材料	水泥基渗透结晶型防水涂料	预埋注浆管	中埋式止水带	外贴式止水带	可卸式止水带	防水密封材料	遇水膨胀止水条

工程部位			衬砌结构	内衬砌施工缝	内衬砌变形缝（诱导缝）
一防水等级	1级	必选	应选一至二种	应选一至二种	应选一至二种
	2级	应选	应选一种	应选一种	应选一种
	3级	宜选	宜选一种	宜选一种	宜选一种
	4级	宜选	宜选一种	宜选一种	宜选一种

（内衬砌变形缝列中间有"应选"跨2、3、4级）

第二节　沥青防水卷材试验

一、拉伸性能（拉伸强度和断裂伸长率）检测

（一）主要仪器

拉伸试验机：有连续记录力和对应标距的装置，量程至少2000N。夹具移动速度（100±10）mm/min；夹具宽度不小于50mm，且能随着试件拉力的增加而保持或增加夹具的夹持力，对于厚度不超过3mm的产品能夹持住试件使其在夹具中滑移不超过1mm，更厚的产品不超过2mm；允许使用冷却的夹具，防止试件在夹具中的滑移超过极限值，同时实际的试件伸长用引伸计测量。力值测量至少应符合《拉力、压力和万能试验机检定规程》（JJG 139—2014）的2级（即 ±2%）。

（二）试件制备

制备两种试件，一组纵向5个试件，一组横向5个试件。在试样上距边缘100mm以上，用模板或裁刀任意裁取试件，宽度为（50±0.5）mm，长度为200mm+2×加持长度，长度方向为试验方向。除去表面非持久层，试件实验前在（23±2）℃和相对湿度30%～70%的条件下至少放置20h。

（三）检测步骤

将试件夹在拉伸试验机的夹具中，注意试件长度方向的中线与试验机夹具中心线在一条线上。夹具间距离为（200±2）mm，为防止试件从夹具中滑移应做标记。当用引伸计时，实验前设置标距间的距离为（180±2）mm。为防止试件产生任何松弛，

推荐加载不超过 5N 的力。

试验在（23±2）℃进行，夹具以恒定速度（100±10）mm/min 移动，连续记录拉力和对应的夹具（或引伸计）间距离。

（四）检测结果

1. 记录得到的拉力和距离，或数据记录，最大拉力和对应的由夹具（或引伸计）间距离与起始距离的百分率计算的延伸率。

2. 去除任何在夹具 10mm 以内断裂或在试验夹具中滑移超过极限值的试件的实验结果，用备用试件重测。

3. 最大拉力单位为 N/50mm，对应的延伸率用百分率表示，作为试件同一方法结果。

4. 分别记录每个方向 5 个试件的拉力值和延伸率，计算平均值，拉力的平均值修约到 5N，延伸率的平均值修约到 1%。对于复合增强的卷材在应力 - 应变图上有两个或更多的峰值，拉力和延伸率应记录两个最大值。

二、耐热性检测（方法 A）

（一）主要仪器

1. 光学测量装置：刻度至少 0.1mm，如读数放大镜。

2. 鼓风烘箱：试验范围温度波动 ±2℃；打开门 30s 后，恢复到工作温度时间不超过 5min。

3. 热电偶：连接到外面的电子温度计，在规定范围内能测量到 ±1℃。

4. 悬挂装置：宽度至少 100mm，能夹住试件的整个宽度在一条线，并被悬挂在试验区域，如图 5-2 所示。

5. 金属插销的插入装置：内径 4mm。

6. 画线装置：能画直的标记线，如图 5-2 所示。

7. 记号笔：白色耐水，线的宽度不超过 0.5mm。

8. 硅纸。

（二）试件制备

1. 试件均匀地在试样宽度方向裁取，长边是卷材的纵向，试件尺寸为（115±1）mm×（100±1）mm。试件应距卷材边缘 150mm 以上，从卷材的一边开始连续编号，并标记卷材的上、下表面。

2. 除去试件上任何持久保护层，可以在常温下用胶带粘在上面，冷却到接近假设的冷弯温度，然后从试件上撕去胶带，也可以用压缩空气吹（压力约 0.5MPa，喷嘴直径约 0.5mm），假若上述方法均不能除去保护膜，用火烤，用最少的时间破坏保护膜而不损伤试件。

3. 在试件纵向的横断面一边，上表面和下表面大约 15mm 一条的涂盖层去除直至胎体，若卷材有超过一层的胎体去除涂盖料直到另外一层胎体。在试件的中间区域的涂盖层也从上表面和下表面两个接近处去除，直至胎体（图 5-2）。可采用热刮刀或类似装置，小心地除去涂盖层不损伤胎体。两个内径约 4mm 的插销在裸露区域穿过胎体。任何表面浮着的矿物颗粒和表面材料通过轻轻敲打试件去除。然后标记装置放在试件两边插入插销定位于中心位置，在试件表面整个宽度方向沿着直边用记号笔垂直画一条线（宽度约 0.5mm），操作时试件平放。

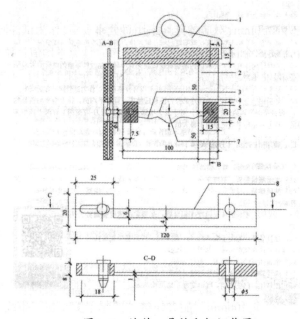

图5-2 试件、悬挂和标记装置

1—悬挂装置；2—试件；3—标记线1；4—标记线2；5—插销族4mm；

6—去除涂盖层；7—滑动最大距离 8—直边

4. 试件试验前至少放置在（23±2）℃的平面上 2h，相互之间不要接触或粘住，有必要时，将试件分别放在硅纸上防止黏结。

（三）检测步骤

烘箱预热到规定试验温度，温度通过与试件中心同一位置的热电偶控制。整个试验期间，试验区域的温度波动不超过 ±2℃。

1. 规定温度下耐热性的测定

制备一组三个试件，露出的胎体处用悬挂装置夹住。需要时用硅纸的不粘层包住两面，便于试验结束时除去夹子。

制备好的试件垂直悬挂在烘箱的相同高度，间隔至少 30mm。此时烘箱的温度不能下降太多，开关烘箱门放入试件的时间不超过 30s。放入试件后加热时间为（120±2）min。

加热周期一结束，试件和悬挂装置一起从烘箱中取出，相互之间不要接触。在（23±2）℃自由悬挂冷却至少 2h。然后除去悬挂装置，在试件两面画第二个标记，用光学测量装置在每个试件的两面测量两个标记间最大距离 ΔL，精确至 0.1mm。

2. 耐热极限测定

耐热极限对应的涂层滑移正好 2mm，通过对卷材上表面和下表面在间隔 5℃的不同温度段的每个试件的初步处理试验的平均值测定，其温度段总是 5℃的倍数（如 100℃、105℃、110℃）。找出涂盖层位移尺寸 $\Delta L=2mm$ 在其中的两个温度段 T℃和（T+5）℃。

卷材的两个面都要按"规定的温度下耐热性能"试验方法测定。一组三个试件，初步测定耐热性能的两个温度段已测定后，上表面和下表面都要测定两个温度 T℃和（T+5）℃，每个温度段应采用新的试件试验。

卷材涂盖层在两个温度段间完全流动将产生的情况下，$\Delta L=2mm$ 的精确耐热性不能测定，此时滑动不超过 2.0mm 的最高温度 T 可作为耐热极限。

（四）检测结果

1. 平均值

计算卷材每个面三个试件的滑动值的平均值，精确至 0.1mm。

2. 耐热性

规定温度下，卷材上表面和下表面的滑动平均值不超过 2.0mm 认为合格。

3. 耐热极限

通过线形图或计算每个试件上表面和下表面的两个结果测定，如图 5-3 所示，每个面修约到 1℃。

纵轴：滑动 mm；横轴：试验温度 P；F：耐热极限（示例 =117℃）

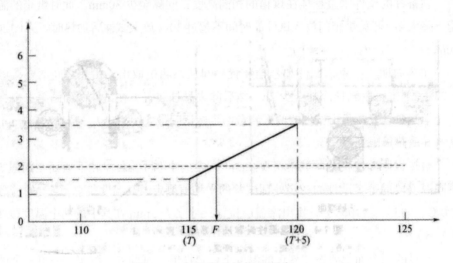

图5-3 内插法耐热极限测定

4.试验方法的精确度

重复性：

一组三个试件偏差范围：$d_{1.3}$=1.6mm；重复性的标准差：σ_1=0.7P；置信水平（95%）值：q_r=1.3℃；重复性极限（两个不同结果）：r=2℃。

再现性：

再现性的标准差：σ_R=3.5℃；置信水平（95%）值：q_R=6.7℃；再现性极限（两个不同结果）：R=10℃。

三、低温柔性（柔度）检测

（一）主要仪器

试验装置：该装置由两个直径（20±0.1）mm不旋转的圆筒，一个直径（30±0.1）mm的圆筒或半圆筒弯曲轴组成（可以根据产品规定采用其他直径的弯曲轴，如20mm、50mm），该轴在两个圆筒中间，能向上移动。两个圆筒间的距离可以调节，即圆筒和弯曲轴间的距离能调节为卷材的厚度。整个装置浸入能控制温度在+20 ~ -40℃、精度0.5℃温度条件的冷冻液中。冷冻液用任一混合物：丙烯乙二醇/水溶液（体积比1：1）低至-25℃，或低于-20℃的乙醇/水混合物（体积比2：1）；用一支测量精度0.5℃的半导体温度计检查试验温度，放入试验液体中与试验试件在同一水平面。试件在试验液体中的位置应平放且完全浸入，用可移动的装置支撑，该支撑装置应至少能放一组五个试件。试验时，弯曲轴从下面顶着试件以360mm/min的速度升起，这样试件能弯曲180°，电动控制系统能保证在每个试验过程和试验温度下的移动速度保持在（360±40）mm/min。裂缝通过目测检查，在试验过程中不应有任何人为的影响。为了准确评价，试件移动路径是在试验结束时，试件应露出冷冻液，移动部分通过设置适当的极限开关控制限定位置。该装置操作示意和方法，如图5-4所示。

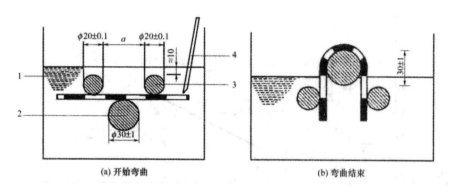

图5-4 低温柔性装置操作系统示意和完成方法

1-冷冻液；2-弯曲轴；3-固定圆筒；4-半导体温度计（热敏探头）

（二）试件制备

试验的矩形试件尺寸为（150±1）mm×（25±1）mm，试件从试样宽度方向上均匀地裁取，长边在卷材的纵向，试件裁取时应距卷材边缘不少于150mm，试件应从卷材的一边开始做连续的记号，同时标记卷材的上表面和下表面。

除去试件上任何持久保护层，可以在常温下用胶带粘在上面，冷却到假设冷弯温度，然后从试件上撕去胶带，也可以用压缩空气吹（压力约0.5MPa，喷嘴直径约0.5mm），假若上述方法均不能除去保护膜，用火烤，用最少的时间破坏保护膜而不损伤试件。

试件试验前至少放置在（23±2）℃的平面上4h，相互之间不能接触或也不能粘在板上，有必要时，将试件分别放在硅纸上防止黏结，表面的松散颗粒用手轻轻敲打除去。

（三）检测步骤

1.仪器准备

在开始所有试验前，两个圆筒间的距离，应按试件厚度调节，即弯曲轴直径+2mm+两倍试件的厚度，如图5-4所示。然后装置放入已冷却的液体中，并且圆筒的上端在冷冻液面下约10mm，弯曲轴在下面的位置。弯曲轴直径根据产品不同可以为20mm、30mm、50mm。

2.试件条件检查

冷冻液达到规定的试验温度，误差不超过0.5℃，试件放于支撑装置上，保证冷冻液完全浸没试件。试件放入冷冻液达到规定温度后，开始保持在该温度1h±5min，半导体温度计的位置靠近试件，检查冷冻液温度，然后开始试验。

3. 低温柔性测定

两组试件，每组 5 个，全部试件在规定温度处理后，一组是上表面试验，另一组是下表面试验，试验按下述进行。

试件放置在圆筒和弯曲轴之间，试验面朝上，然后设置弯曲轴以（360±40）mm/min 速度顶着试件向上移动，试件同时绕轴弯曲。轴移动的终点在圆筒上面（30±1）mm 处。试件的表面明显露出冷冻液，同时液面也因此下降。

完成弯曲过程 10s 内，在适宜的光源下用肉眼检查试件有无裂纹，必要时，用辅助光学装置帮助。假若有一条或更多的裂纹从涂盖层深入到胎体层，或完全贯穿无增强卷材．即存在裂缝。一组 5 个试件应分别试验检查。假若装置的尺寸满足，可以同时试验几组试件。

4. 冷弯温度测定

假若沥青卷材的冷弯温度要测定（如人工老化后变化的结果），按测定"低温柔性"和下面的步骤进行试验。

冷弯温度的范围（未知）最初测定，从期望的冷弯温度开始，每隔 6℃ 试验每个试件，因此每个试验温度都是 6℃ 的倍数，如 -12℃、-18℃、-24℃ 等。从开始导致破坏的最低温度开始，每隔 2℃ 分别试验每组 5 个试件的上表面和下表面，连续的每次 2℃ 的改变温度，直到每组 5 个试件分别试验后至少有 4 个无裂缝，这个温度记录为试件的冷弯温度。

（四）检测结果

1. 规定温度的柔度结果

一个试验面 5 个试件在规定温度至少 4 个无裂缝为通过，上表面和下表面的试验结果要分别记录。

2. 冷弯温度测定的结果

试验得到的温度值应 5 个试件中至少 4 个通过，该温度值是该卷材试验面的冷弯温度值。上表面和下表面的结果应分别记录（卷材的上表面和下表面可能有不同的冷弯温度）。

3. 试验方法的精确度

重复性：

重复性的标准差：σ_T=1.2℃；置信水平（95%）值：q_r=2.3℃；重复性极限（两个不同结果）：r=3℃。

再现性：

再现性的标准差：σ_R=2.2℃；置信水平（95%）值：q_R=4.4℃；再现性极限（两个

不同结果）：$R=6℃$。

四、不透水性检测

方法 A：试验适用卷材压力的使用场合：屋面、基层、隔汽层。试件满足直到 60kPa 压力 24h。

方法 B：试验适用卷材高压力的使用场合：特殊屋面、隧道、水池。试件采用有四个规定形状尺寸狭缝的圆盘保持规定水压 24h，或采用 7 孔圆盘保持规定水压 30min，观测试件是否保持不渗水。

（一）主要仪器

1. 方法 A：一个带法兰盘的金属圆柱体箱体，孔径 150mm，并连接到开放管子或容器，期间高差不低于 1m，如图 5-5 所示。

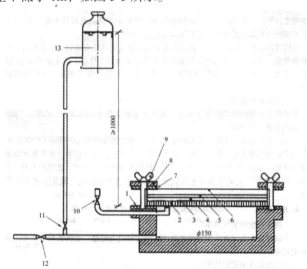

图5-5 方法A低压不透水装置

1-下橡胶密封垫圈；2-试件的迎水面是通常暴露于大气/水的面；3-试验室用滤纸；
4-湿气指示混合物，均匀地铺在滤纸上面［指示剂由细白糖（冰糖）（99.5%）和亚甲基蓝（0.5%）组成，用0.074mm筛过滤并在干燥器中用氯化钙干燥］；
5-试验室用滤纸；6-圆的普通玻璃：5mm厚，水压≤10kPa；8mm厚，水压V60kPa；
7-上橡胶密封垫圈；8-金属夹环；9-带翼螺母；10-排气阀；11-进水阀；
12-补水和排水阀；13-提供和控制水压到60kPa的装置

2. 方法 B：组成设备的装置如图 5-6、图 5-7 所示。试件用有 4 个狭缝的盘（或 7 孔圆盘）盖上。缝的形状尺寸如图 5-8 所示，孔的尺寸如图 5-9 所示。

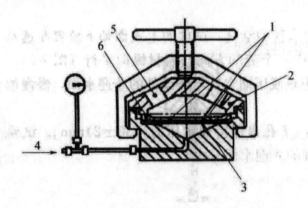

图5-6　方法B高压力不透水压力试验装置

1—狭缝；2—封盖；3—试件；4—静压力；5—观察孔；6—开缝盘

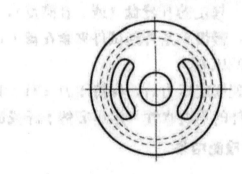

图5-7　狭缝压力试验装置封盖

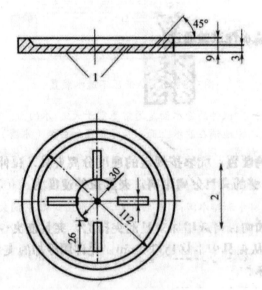

图5-8　开缝盘

1—所有开缝盘的边缘都有约0.5mm半径弧度；2—试件纵向方向

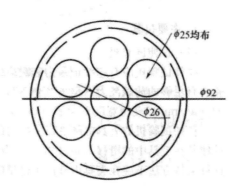

图5-9　7孔圆盘

（二）试件制备

试件在卷材宽度方向均匀裁取，最外 1 个距卷材边缘 100mm，试件的纵向与产品的纵向平行并标记。相关产品标准中应规定试件的数量，最少 3 块。

试件尺寸：方法 A 圆形试件，直径（200±2）mm；方法 B 试件直径不小于盘外径（约130mm）。试件试验前至少放置在（23±5）℃的平面上 6h。

（三）检测步骤

试验在（23±5）℃进行，产生争议时，在（23±2）℃、相对湿度（50±5）%进行。

1. 方法 A

试件放在低压不透水装置设备上，旋紧翼形螺母固定夹环。如图 5-5 所示，打开阀（11）让水进入，同时打开阀（10）排出空气，直至水出来关闭阀（10），说明设备已水满。调整试件上表面所要求的压力，保持压力（24±1）h。检查试件，观察上面滤纸有无变色。

2. 方法 B

图 5-6 装置中充水直到满出，彻底排出水管中空气。试件的上表面朝下放置在透水盘上，盖上规定的开缝盘（或 7 孔圆盘），其中一个缝的方向与卷材纵向平行（图5-8）。放上封盖，慢慢夹紧直到试件夹紧在盘上，用布或压缩空气干燥试件的非迎水面，慢慢加压到规定的压力。

达到规定压力后，保持压力（24±1）h[7孔盘保持规定压力（30±2）min]。试验时观察试件的不透水性（水压突然下降或试件的非迎水面有水）。

（四）检测结果

1. 方法 A 的试验结果

试件有明显的水渗到上面的滤纸产生变色，认为试验不符合。所有试件通过试验则认为卷材不透水。

2. 方法 B 的试验结果

所有试件在规定的时间不透水，认为不透水性试验通过。

五、撕裂性能（撕裂强度）检测

（一）主要仪器

1. 拉伸试验机

拉伸试验机应有连续记录力和对应距离的装置，能够按规定的速度分离夹具。拉伸试验机有足够的荷载能力（至少 2000N），和足够的夹具分离距离，夹具拉伸速度为（100±10）mm/min，夹持宽度不少于 100mm。

拉伸试验机的夹具能随着试件拉力的增加而保持或增加夹具的夹持力，夹具能夹住试件使其在夹具中的滑移不超过 2mm，为防止从夹具中滑移超过 2mm，允许用冷却的夹具。这种夹持方法不应在夹具内外产生过早的破坏。

力测量系统满足《拉力、压力和万能试验机检定规程》（JJG 139—2014）至少 2 级（即 ±2%）。

2.U 形装置

U 形装置一端通过连接件连在拉伸试验机夹上，另一端有两个臂支撑试件。臂上有钉杆穿过的孔，其位置如图 5-10 所示。

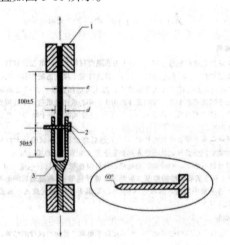

图5-10　钉杆撕裂试验装置

（二）试件制备

试件需距卷材边缘 100mm 以上，用模板或裁刀在试样上任意裁取，要求长方形试件宽（100±1）mm，长至少 200mm，试件长度方向是试验方向，试件从试样的纵向或横向裁取。对卷材用于机械固定的增强边，应取增强部位试验。每个选定的方向试验 5 个试件，任何表面的非持久层应去除。试验前试件应在（23±2）℃和相对湿度 30%～70% 的条件下放置至少 20h。

（三）检测步骤

试件放入打开的 U 形头的两臂中，用一直径（2.5±0.1）mm 的尖钉穿过 U 形头的孔位置，同时钉杆位置在试件的中心线上，距 U 形头中的试件一端（50±5）mm，钉杆距上夹具的距离（100±5）mm，如图 5-10 所示。

该装置试件一端的夹具和另一端的 U 形头放入拉伸试验机，启动试验机使穿过材料面的钉杆直到材料的末端。

试验在（23±2）℃进行，拉伸速度为（100±10）mm/min，穿过钉杆的撕裂力连续记录。

（四）检测结果

试件的撕裂性能是记录的最大力。

每个试件分别列出拉力值并且记录试验方向，计算平均值，精确至 5N。

六、可溶物含量（浸涂材料含量）检测

（一）主要仪器和试剂

1. 分析天平：测量范围不大于 100g，精度 0.001g。

2. 萃取器：500mL 索氏萃取器。

3. 鼓风烘箱：温度波动 ±2℃。

4. 试验筛：孔径 0.315mm 或其他规定孔径的筛网。

5. 溶剂：三氯乙烯（化学纯）或其他适合溶剂。

6. 滤纸：直径不小于 150mm。

（二）试件制备

整个试验应准备 3 个试件。试件在试样上距边缘 100mm 以上任意裁取，尺寸为（100±1）mm×（100±1）mm。试件在试验前至少在（23±2）℃和相对湿度 30%～70% 的条件下放置 20h。

（三）检测步骤

1. 每个试件先进行称量（M_0），对于表面隔离材料为粉状的沥青卷材，先用软毛刷刷除表面隔离层材料，然后称量试件（M_1）。将试件用干燥的滤纸包好，用线扎好，称其质量（M_2）。将包扎好的试件放入萃取器中，加入为烧杯容量 1/2 ~ 2/3 的溶剂，进行加热萃取，萃取至回流的溶剂第一次变成浅色为止。小心取出滤纸包，不要破裂，空气中放置 30min 以上，使溶剂挥发。再放入（105±2）℃的鼓风烘箱中干燥 2h，然后取出放入干燥器中冷却至室温。

2. 将滤纸包从干燥器中取出称量（M_3）然后将滤纸包在试验筛上打开，下面放一容器接着，将滤纸包中胎基表面的粉末都刷除下来，称量胎基质量（M_4）。敲打振动试验筛直至其中没有材料落下，扔掉滤纸和扎线，称量留在筛上的材料质量（M_5）称量筛下的质量（M_6）。对于表面疏松的胎基（聚酯毡、玻纤毡等），称量最后的胎基质量（M_4）后放入超声波清洗池中清洗，取出在（105±2）℃烘干 1h，然后放入干燥器中冷却至室温，称其质量（M_7）。

（四）检测结果

记录得到的每个试件的称量结果，然后按以下要求计算每个试件的结果，取三个试件的平均值。

1. 可溶物含量

按下式计算：

$$A=(M_1-M_1) \tag{5-1}$$

式中 A——可溶物含量，g/m²；

M_2——试件用干燥的滤纸包好、线扎好的质量，g；

M_3——萃取后滤纸包从干燥器中取出称量的质量，g。

2. 浸涂层含量

表面隔离材料非粉状的产品按下式计算：

$$A=(M_0-M_5) \times 100-E \tag{5-2}$$

式中 B——浸涂层含量，g/m²。

M_0——试件的质量，g；

M_5——萃取干燥后最终筛余的质量，g；

E——胎基单位面积质量，g/m²。

表面隔离材料为粉状的产品按下式计算：

$$B=M_1 \times 100-E \tag{5-3}$$

式中 B——浸涂层含量，g/m²；

M_1——清除表面隔离层材料后试件质量，g；

E——胎基单位面积质量，g/m²。

3. 表面隔离材料质量

表面隔离材料为粉状的产品表面隔离材料单位面积的质量按下式计算：

$$C=(M_0-M_1)\times100 \tag{5-4}$$

式中 C——粉状的产品表面隔离材料单位面积的质量，g/m²；

M_0——试件的质量，g；

M_1——清除表面隔离层材料后试件质量，g。

表面隔离材料非粉状的产品表面隔离材料单位面积的质量按下式计算：

$$C=M_5\times100 \tag{5-5}$$

式中 C——非粉状的产品表面隔离材料单位面积的质量，g/m²；

M_5——萃取干燥后最终筛余的质量，g。

4. 填充料含量

胎基表面疏松的产品填充料按下式计算：

$$D=(M_6+M_4-M_7)\times100 \tag{5-6}$$

式中 D——填充料含量，g/m²；

M_6——萃取干燥后筛下的质量，g；

M_4——试件胎基质量，g；

M_7——超声波清洗、取出烘干后的质量，g。

其他产品的填充料按下式计算：

$$D=M_6\times100 \tag{5-7}$$

式中 D——填充料含量，g/m²；

M_6——萃取干燥后筛下的质量，g。

5. 胎基单位面积质量

胎基表面疏松的产品胎基单位面积质量按下式计算：

$$E=M_7\times100 \tag{5-8}$$

式中 E——胎基单位面积质量，g/m²；

M_7——超声波清洗、取出烘干后的质量，g。

胎基表面不疏松的产品胎基单位面积质量按下式计算：

$$E=M_4\times100 \tag{5-9}$$

式中 E——胎基单位面积质量，g/m²；

M_4——试件胎基质量，g。

七、尺寸稳定性（热处理尺寸变化率）检测

两种测量方法：方法 A（光学方法）——采用光学方法测量标记在热处理前后间的距离，如图 5-11 所示；方法 B（卡尺法）——采用卡尺（变形测量器）测量两个测量标记间距离变化，如图 5-12 所示。

（一）方法 A 和方法 B 共有主要仪器设备

1. 鼓风烘箱：（无新鲜空气进入）达到（80±2）℃。

2. 热电偶：连接到外面的电子温度计，在温度测量范围内精确至 ±1℃。

3. 钢板：（大约 280mm×80mm×6mm）用于裁切，它作为模板用来去除露出的涂盖层，在放置测量标记和测量期间压平试件，如图 5-11 和图 5-12 所示。

4. 玻璃板：涂有滑石粉。

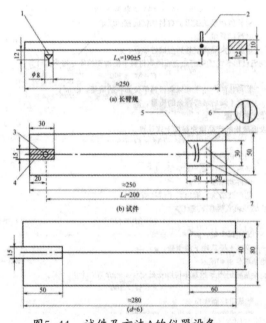

图5-11　试件及方法A的仪器设备

1-钢锥；2-钉；3-M5螺母；4-涂盖层去除；5-铝标签；6-测量标记；7-订书机钉

（二）方法 A（光学方法）专用仪器设备

1. 长臂规：钢制，尺寸大约为 25mm×10mm×250mm，上配有定位圆锥（直径大约 8mm，高大约 12mm，圆锥角度约 60°）及可更换的画线钉（尖头直径约 0.05mm），与圆锥轴距离 L_A =（190±5）mm，如图 5-11 所示。

2. M5 螺母：或类似的测量标记作为测量基点。

3. 铝标签：（约 30mm×30mm×0.2mm）用于标测量标记。

4. 办公用订书机：用于扣紧铝标签。

5. 长度测量装置：测量长度至少 250mm，刻度至少 1mm。

6. 精确长度测量装置：如读数放大镜，刻度至少 0.05mm。

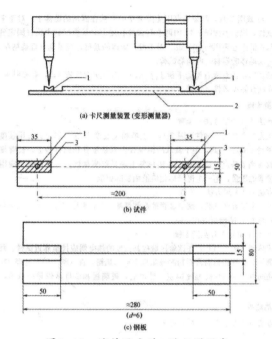

图5-12　试件及方法B的仪器设备

1-测量基点；2-胎体；3-涂盖层去除

（三）方法B（卡尺方法）专用仪器设备

1. 卡尺（变形测量器）：测量基点间距 200mm，机械或电子测量装置，能测量到 0.05mm。

2. 测量基点：特制的用于配合卡尺测量的装置。

（四）试件制备

从试样的宽度方向均匀地裁取 5 个矩形试件。尺寸（250±1）mm×（50±1）mm，长度方向是卷材的纵向，在卷材边缘 150mm 内不裁试件。当卷材有超过一层胎体时裁取 10 个试件。试件从卷材的一边开始顺序编号，标明卷材上表面和下表面。

任何保护膜应去除，适宜的方法是常温下用胶带粘在上面，冷却到接近假设的冷弯温度，然后从试件上撕去胶带，另一方法是用压缩空气吹（压力约 0.5MPa，喷嘴直径约 0.5mm），假若上面的方法不能除去保护膜，用火焰烤，用最少的时间破坏保护膜而对试件没有其他损伤。

按图 5-11 或图 5-12，用金属模板和加热的刮刀或类似装置，把试件下表面的涂盖去除直到胎体，不应损害胎体。

按图 511 或图 5-12，测量基点用无溶剂黏结剂粘在露出的胎体上。对于采用光学测量方法的试件，铝标签按图 5-11 用两个与试件长度方向垂直的钉书机订固定到胎体，钉子与测量基点的中心距离约 200mm。对于没有胎体的卷材，测量基点直接粘在试件表面，对于超过一层胎体的卷材，两面都试验。

试件制备后，在有滑石粉的平板上于（23±2）℃至少放置 24h，需要时卡尺、量规、钢板等也在同样温度条件下设置。

（五）检测步骤

1. 方法 A（光学方法）步骤

当采用光学方法时，试件（图 5-11）上的相关长度 L_0。在（23±2）℃用长度测量装置测量，精确到 1mm，为此，用于裁取的钢板放在测量基点和铝标签上，长臂规上圆锥的中心此时放入测量基点，用画线钉在铝标签上画弧形测量标记。操作时不应用附加的压力，只有量规的质量，第一个测量标记应能明显地识别。

2. 方法 B（卡尺方法）步骤

试件采用卡尺方法试验，测量装置放在测量基点上，温度（23±2）℃，测量两个基点间的起始距离 L_0，精确到 0.05mm。

3. 方法 A 和方法 B 共同步骤

烘箱预热到（80±2）℃，在试验区域控制温度的热电偶应拉至靠近试件。然后，试件和上面的测量基点放在撒有滑石粉的玻璃板上放入烘箱，在（80±2）℃处理 24h±15min，整个试验期间烘箱区域保持温度恒定。处理后，玻璃板和试件从烘箱中取出，在（23±2）℃冷却至少 4h。

（六）检测结果

1. 方法 A（光学方法）检测结果

试件［按方法 A（光学方法）步骤］画第二个测量标记，测量两个标记外圈半径方向间的距离（图 5-11），每个试件用精确长度测量装置测量，精确到 0.05mm。

每个测量值与 L_0 比，给出百分率。

2. 方法 B（卡尺方法）检测结果

按［方法 B（卡尺方法）］再次测量两个测量基点间的距离，精确到 0.05mm，计算每个试件与起始长度 L_0 比较的差值，以相对于起始长度 L_0 的百分率表示。

3. 评价

每个试件根据直线上的变化结果给出符号（＋伸长，－收缩）。实验结果取 5 个试件的算术平均值，精确至0.1%，对于超过一层胎体的卷材要分别计算每面的实验结果。

4.试验方法精确度（聚酯胎卷材）

重复性：

一组5个试件偏差范围：$d_{1.5}$=0.3%；重复性的标准差：σ_r=0.06%；置信水平（95%）值：q_r=0.1%；重复性极限（两个不同结果）：r=0.2%。

再现性：

再现性的标准差：σ_R=0.12%；置信水平（95%）值：q_R=0.2%；再现性极限（两个不同结果）：R=0.3%。

八、沥青基防水卷材老化检测

《建筑防水材料老化试验方法》（GB/T 18244—2000）中，防水卷材的老化有热空气老化、臭氧老化、人工气候老化（碳弧灯、紫外灯）等。实验室标准条件：温度为（23±2）℃，相对湿度为45%～70%。沥青基防水卷材老化试样形状、尺寸与取样方法按相关产品标准进行，如无标准规定按表5-13和图5-13进行。

表5-13　沥青基防水卷材老化试样和试件

项目	规格/mm	数量，个
老化试样A、B	300×90	纵向2，横向2
对比试样A'、B'	300×90	纵向2，横向2
拉伸性能试件c	120×25	纵向6，横向6
低温柔性试件d	120×25	纵向6，横向6

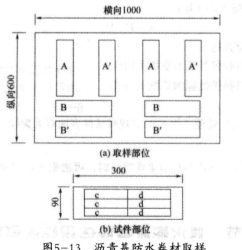

图5-13　沥青基防水卷材取样

（一）主要仪器

按具体老化项目、产品标准选择。

如 SBS 防水卷材热老化检测主要仪器有：

1. 天平：精度 0.1g。

2. 烘箱：控温精确 ±2℃。

3. 游标卡尺：精度 ±0.02mm。

（二）试件制备

1. 试件数量根据试验项目与试验周期确定。若对产品纵向、横向力学性能均有要求，则两个方向分别取样，各为一组。

2. 试验前试件在标准条件下放置 24h。

3. 对比试件放置于暗环境中，与达到规定老化周期的试件同时试验。

（三）检测方法

1. 拉伸性能：沥青基防水卷材拉伸试验，夹具间距 70mm，拉伸速度 50mm/min。

2. 低温柔度：试验方法按产品标准进行。试验温度按相关产品标准要求，或以产品不产生裂纹为最低温度。

3. 检测步骤：按具体产品标准执行。

（四）检测结果

1. 拉伸性能

拉伸性能变化率按下式计算：

$$W = \left(\frac{P_1}{P_2} - 1 \right) \times 100 \qquad (5\text{-}10)$$

式中 W——拉伸性能变化率，%；

P_1——老化试件拉伸性能的算数平均值；

P_2——对比试件拉伸性能的算数平均值。

拉伸性能保持率按下式计算：

$$X = \frac{P_1}{P_0} \times 100 \qquad (5\text{-}11)$$

式中 X——拉伸性能保持率，%；

P_1——老化试件拉伸性能的算数平均值；

P_2——对比试件拉伸性能的算数平均值。

2. 低温柔度

按相关产品标准进行处理（如 SBS 要观察试件表面有无裂纹）。

（五）评定方法

根据产品标准规定。在产品标准未作规定时，可根据老化试验后外观、拉伸性能变化与低温柔度进行判断。

第三节　遇水膨胀橡胶体积膨胀倍率试验

一、检测方法 I

试验室温度为（23±2）℃，要求更严时为（23±1）℃。

（一）主要仪器

天平：精度不低于 0.001g。

（二）试样制备

长、宽各为（20.0±0.2）mm，厚度（2.0±0.2）mm，试样数量为 3 个。用成品制作试样，应去掉表层。

（三）检测步骤

1. 将制作好的试样先用天平称出在空气中的质量，然后再称出试样悬挂在蒸馏水中的质量。

2. 将试样浸泡在（23±5）℃的 300mL 蒸馏水中，试验过程中，应避免试样重叠及水分的挥发。

3. 试样浸泡 72h 后，先用天平称出其在蒸馏水中的质量，然后用滤纸轻轻吸干试样表面的水分，称出其在空气中的质量。

4. 如果试样密度小于蒸馏水密度，试样应悬挂坠子使试样完全浸泡在蒸馏水中。

（四）检测结果

体积膨胀倍率按下式计算：

$$\Delta V = \frac{m_3 - m_4 + m_5}{m_1 - m_2 + m_2} \times 100\% \qquad (5\text{-}12)$$

式中 ΔV ——体积膨胀倍率，%；

m_1——浸泡前试样在空气中的质量，g；

m_2——浸泡前试样在蒸馏水中的质量，g；

m_3——浸泡后试样在空气中的质量，g；

m_4——浸泡后试样在蒸馏水中的质量，g；

m_5——坠子在蒸馏水中的质量，g（无坠子用发丝等特细丝悬挂可忽略不计）。

实验结果取 3 个试样的算术平均值。

二、检测方法 Ⅱ

本检测方法适用于浸泡后不能用称量法检测的试样。试验室温度为（23±2）℃，要求更严时为（23±1）℃。

（一）主要仪器

1. 天平：精度不低于 0.001g。

2. 量筒：50mL。

（二）试样制备

取试样质量为 2.5g，制成直径约为 12mm、高度约为 12mm 的圆柱体，试样数量为 3 个。用成品制作试样，应去掉表层。

（三）检测步骤

1. 将制作好的试样先用 0.001g 精度的天平称出其在空气中的质量，然后再称出试样悬挂在蒸馏水中的质量（必须用发丝等特细丝悬挂试样）。

2. 在量筒中注入 20mL 左右的（23±5）℃蒸馏水，放入试样后，加蒸馏水至 50mL。然后在温度为（23±2）℃条件下放置 120h（试样表面和蒸馏水必须充分接触）。

3. 读出量筒中试样占水的体积数 V（即试样的高度）。

（四）检测结果

体积膨胀倍率按下式计算：

$$\Delta V = \frac{V \cdot \rho}{m_1 - m_2} \qquad (5\text{-}13)$$

式中 ΔV ——体积膨胀倍率，%；

m_1——浸泡前试样在空气中的质量，g；

m_2——浸泡前试样在蒸馏水中的质量，g；

V——浸泡后试样占水的体积，mL；

ρ——水的密度，取 1g/mL。

实验结果取 3 个试样的算术平均值。

第四节　聚氨酯防水涂料试验

一、主要仪器

（1）拉力试验机：测量值在量程的 15% ~ 85% 之间，示值精度不低于 1%，伸长范围大于 500mm。

（2）天平：精度不小于 0.1mg。

（3）梳齿刮刀：宽 250mm，齿深 5mm、齿宽 5mm，如图 5-14 所示。

（4）低温冰柜：-40 ~ 0℃，精度 ±2℃。

（5）电热鼓风干燥箱：不小于 200℃，精度 ±2℃。

（6）冲片机，Ⅰ裁刀（符合《硫化橡胶或热塑性橡胶拉伸应力应变性能的测定》要求），直角撕裂裁刀［符合《硫化橡胶或热塑性橡胶撕裂强度的测定（裤形、直角形和新月形试样）》］

（7）不透水仪：压力 0 ~ 0.4MPa，精度 2.5 级，三个七孔透水盘，内径 92mm。

（8）厚度计：接触面直径 6mm，单位面积压力 0.02MPa，分度值 0.01mm。

（9）半导体温度计：量程 -40 ~ 30℃，精度 1.01mm。

（10）定伸保时器：能使试件标线间距拉伸 100% 以上。

（11）测长装置：精度至少 0.5mm。

（12）放大镜：6 倍以上。

（13）弯折仪：如图 5-15 所示。

（14）金属网：孔径（0.5 ± 0.1）mm。

（15）计时器：分度值至少 1min。

（16）铝板：120mm × 50mm × （1 ~ 3）mm。

（17）线棒涂布器：200μm。

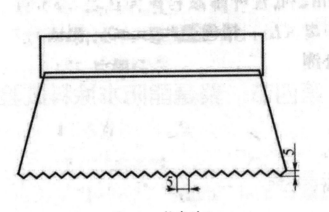

图5-14　梳齿刮刀

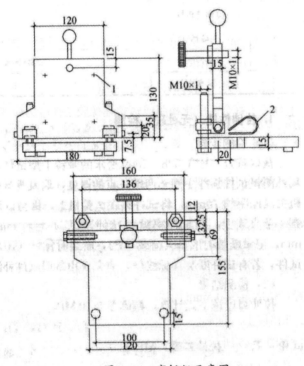

图5-15　弯折仪示意图

二、试样制备

标准试验条件：温度为（23±2）℃，相对湿度（50±10）%。试验前，试样及所用试验器具在标准试验条件下放置至少24h。标准试验条件下称量所需的试样量，保证最终涂膜厚度为（1.5±0.2）mm。将放置后的试样混合均匀，不得加入稀释剂。

多组分试样涂料，则按生产企业要求的配合比混合后在不混入气泡的情况下充分搅拌 5min，静置 2mm，倒入模框中，也可按使用的喷涂设备制备涂膜。模框不得翘曲且表面平滑，涂覆前可使用脱模剂。多组分试样一次涂覆到规定的厚度，单组分试样分三次涂覆到规定的厚度，试样也可按生产企业的要求次数涂覆（最多三次，每次间隔时间不超过 24h），涂覆后 5min，轻轻刮去表面的气泡，最后一次将表面刮平。制备的涂膜在标准试验条件下养护 96h，然后脱模，涂膜翻面后继续在标准条件下养护 72h。

三、主要技术性能的检测

试件形状及数量见表 5-14。

表5-14 试件形状及数量

序号	项目	试件形状	数量/个
1	拉伸性能	符合GB/T 528—2009要求的哑铃Ⅰ型	5
2	撕裂强度	符合GB/T 529—2008规定的无缺口直角形	5
3	低温弯折性	100mm×25mm	3
4	不透水性	150mm×150mm	3
5	加热伸缩性	300mm×30mm	3
6	吸水率	50mm×50mm	3

（一）拉伸性能（无处理）检测

1. 检测步骤

裁取符合 GB/T 528—2009 要求的哑铃Ⅰ型试件，并画好间距 25mm 的平行线，用厚度计测量试件标线中间和两端三点的厚度，取其算数平均值作为试件厚度。调整拉伸试验机夹具间距约 70mm，将试件夹在试验机上，保持试件长度方向的中线与试验机夹具中线在一条直线上。高延伸率涂料拉伸速度 500mm/min，低延伸率涂料拉伸速度 200mm/min，记录断裂时的最大荷载（P），断裂时标线间距离（L_1），精确至 0.1mm，测试 5 个试件，若有试件断裂在标线外，应舍弃用备用试件补测。

2. 检测结果

拉伸强度按下式计算，精确至 0.01MPa：

$$T_L = P(B \times D) \tag{5-14}$$

式中 T_L——拉伸强度，MPa；

P——最大拉力，N；

B——试件中间部位宽度，mm；

D——试件厚度，mm。

断裂伸长率按下式计算，精确至 1%：

$E=(L_1-L_0)\times100$

式中 E——断裂伸长率，%；

L_0——试件起始标线间距离，25mm；

L_1——试件断裂时标线距离，mm。

如果试件在狭窄部分以外断裂则舍弃该试验数据，试验结果取 5 个试件的算数平均值。若试验数据与平均值的偏差超过 15%，则剔除该数据，以剩下的至少 3 个试件的平均值作为试验结果。若有效数据少于 3 个则需要重新试验。

（二）加热度伸缩率检测

1.检测步骤

将涂膜裁取 300mm×30mm 试件三块，试件在标准试验条件下放置 24h，用测长装置测定试件长度（L_0）。将试件放在撒有滑石粉的隔离纸上，水平放置在已加热至规定温度（80±2）℃的烘箱中，恒温（168±1）h 取出，在标准试验条件下放置 4h，然后用测长装置在同一位置测定试件的长度（L_1），若有弯曲，用直尺压住后再测量。

（2）检测结果

加热度伸缩率按下式计算，精确至 0.1%：

$$S=\frac{L_1-L_0}{L_0}\times100 \qquad\qquad （5\text{-}15）$$

式中 S——加热度伸缩率，%；

L_0——加热处理前长度，mm；

L_1——加热处理后长度，mm。

取三个试件的算数平均值作为试验结果。

（三）低温弯折性检测

1.检测步骤

裁取三个 100mm×25mm 试件，沿长度方向弯曲试件，将端部固定在一起（可以用胶带），如此弯曲三个试件。调节弯折仪的两个平板间的距离为试件厚度的 3 倍。检测平板间 4 点的距离，如 5-15 所示。

放置弯曲试件在试验机上，胶带端对着平行于弯板的转轴。放置翻开的弯折试验机和试件于调至好规定温度的低温箱中。在规定的温度放置 1h 后，弯折试验机从超过 90° 的垂直位置到水平位置，1s 内合上，保持该位置 1s，整个操作过程在低温箱中进行。从试验机中取出试件，恢复到（23±5）℃，用 5 倍放大镜检查试件弯折区域的裂纹或断裂。

2. 检测结果

所有试件应无裂纹。

（四）不透水性检测

1. 试验步骤

裁取三个约150mm×150mm试件，在标准试验条件下放置2h，试验在（23±5）℃进行，将装置中充满水直到满出，彻底排出装置中空气。

试件放置透水盘上，再在试件上加以相同尺寸的金属网，盖上7孔圆盘，慢慢加紧直到试件加紧在盘上，用布或压缩空气燥试件的非迎水面，慢慢加压至规定的压力。

达到规定压力后，保持压力（30±2）min。试验时观察试件的透水情况（水压突然下降或试件的非迎水面有水）。

2. 检测结果

所有试件在规定的时间应无透水现象。

（五）撕裂强度检测

1. 检测步骤

从厚度均匀的试片上用直角形裁刀裁取无缺口试件。试片在裁切前可用水或皂液润湿，并置于一个起缓冲作用的薄板上，裁切应在刚性平面上进行。试件的形状如图5-16所示。用厚度计测量试件撕裂区域的3点厚度值，取其平均值。将试件夹在试验机上，保持试件长度方向的中线与试验机夹具中线在一条直线上。拉伸速度（500±50）mm/min，记录断裂时的最大荷载（F），测试5个试件。

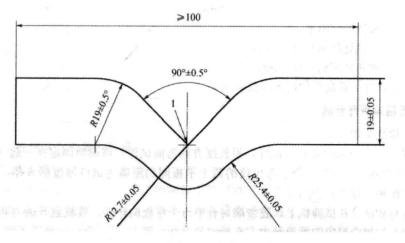

图5-16　直角形试样裁刀所裁取试样

2. 检测结果

撕裂强度按下式计算：

$$T_S=P/d \qquad\qquad (5-16)$$

式中 T_S——撕裂强度，N/mm；

P——试件撕裂时的最大力，N；

d——试件厚度，mm。

试验结果取 5 个试件的算数平均值，精确到 0.1N/mm。若试验数据与平均值的偏差超过 15%，则剔除该数据，以剩下的至少 3 个试件的平均值作为试验结果。若有效数据少于 3 个则需要重新试验。

（六）固体含量检测

1. 检测步骤

将试样充分搅拌均匀，取（10±1）g 的试样倒入已干燥称量的直径（65±5）mm 的培养皿中刮平，立即称量（1m），然后在标准试验条件下放置 24h。再放入（120±2）℃烘箱中，恒温 3h，取出放入干燥器中冷却 2h，然后称量（2m）。

2. 检测结果

固体含量按下式计算：

$$X = \frac{m_2-m_0}{m_1-m_0} \times 100\% \qquad\qquad (5-17)$$

式中 X——固体含量，%；

m_0——培养皿质量，g；

m_1——干燥前试样和培养皿质量，g；

m_2——干燥后试样和培养皿质量，g。

试验结果取两次平均值，计算结果精确至 0.1%。

对于单组分水固化聚氨酯防水涂料，不加水直接试验，试验结果按单组分聚氨酯防水涂料固体含量规定判定。

对于多组分水固化聚氨酯防水涂料，按上述方法得到的质量，应减去采用《室内装饰装修材料内墙涂料中有害物质限量》（GB 18582—2008）中卡尔费休法或气相色谱法得到的水分计算试验结果。

（七）干燥时间检测

1. 检测步骤

试验前铝板、工具、涂料应在标准试验条件下放置 24h 以上。在标准试验条件下，用线棒涂布器将按生产厂家要求混合搅拌均匀的样品涂布在铝板上制备涂膜，涂布面积为 100mm×50mm，湿涂膜厚度为（0.5±0.1）mm，记录涂布结束时间，对于多组分涂料从混合开始记录时间。

静置一段时间后，用无水乙醇擦净手指，在距试件边缘不小于 10mm 范围内用手指轻触涂膜表面，若无涂料粘在手上即为表干，试验开始到结束的时间即为表干时间。

再静置一段时间，用刀片在距试件边缘上不小于 10mm 范围内切割涂膜，若底层及膜内均无粘附手指现象，则为实干，记录时间，试验开始到结束的时间即为表干时间。

2. 检测结果

对于表面有组分渗出的试件，以实干时间作为表干时间的实验结果。表干（实干）时间不超过 2h 的精确至 0.5h，表干（实干）时间大于 2h 的，精确至 1h。

平行试验 2 次，以 2 次结果的平均值作为最终结果，有效数字应精确到实际时间的 10%。

（八）黏结强度检测

1. 拉伸专用金属夹具：上夹具、下夹具、垫板，如图 5-17 ~ 图 5-19 所示。

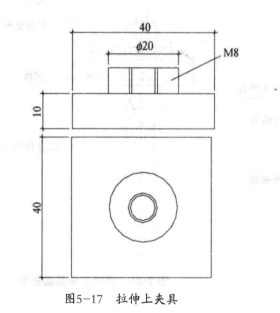

图5-17 拉伸上夹具

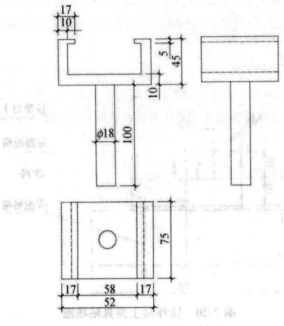

图5-18　拉伸下夹具

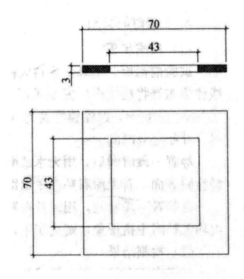

图5-19　拉伸垫板

2.试验准备

制备 70mm×70mm×20mm 的水泥砂浆试块五块备用。

采用 42.5 强度等级的普通硅酸盐水泥，水泥：中砂质量比为 1：1，搅拌机搅拌均匀，砂浆稠度 70～90mm，倒入模框中抹平，养护室养护 ld 后脱模，水中养护 10d，在（50±2）℃的烘箱中干燥（24±0.5）h，取出在标准条件下放置备用，去除砂浆试块成型面的浮浆、浮砂、灰尘等。

3. 检测步骤

将试块、工具、涂料在标准试验条件下放置 24h 以上。取 5 块砂浆试块用 2 号砂纸清除表面浮浆，必要时按生产厂要求在砂浆块的成型面 [70mm×70mm] 上涂刷底涂料，干燥后按生产厂家要求的比例将样品混合搅拌 5min 后涂抹在成型面上，涂膜厚度控制住 0.5～1.0mm（分两次涂覆，间隔时间不超过 24h）。然后将制得的试件在标准条件下养护 96h，不需要脱模，制备 5 个试件。

将养护后的试件用高强度胶粘剂（无溶剂环氧树脂）将拉伸用上夹具与涂料面粘贴在一起，如图 5-20 所示。

小心去除周围溢出的胶粘剂，在标准试验条件下水平放置 24h。然后沿上夹具边缘一圈用刀切割涂膜至基层，使试验面积为 40mm×40mm。将粘有拉伸上夹具的试件按如图 5-21 所示装在试验机上，保持试件表面垂直方向的中心线与试验机夹具中心线在一条线上，以（5±1）mm/min 的速度拉伸至试件破坏，记录试件的最大力。试验温度为（23±2）℃。

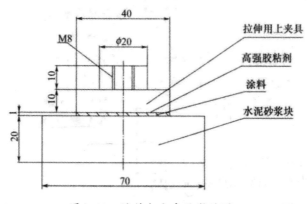

图5-20　试件与上夹具黏结图

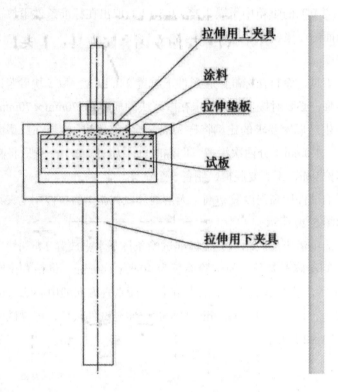

拉伸用上夹具

涂料

拉伸垫板

试板

拉伸用下夹具

图5-21　试件与夹具装配图

4. 检测结果

黏结强度按下式计算：

$$\sigma = \frac{F}{a \times b}$$ 　（5-18）

式中 σ——黏结强度，MPa；

F——件的最大拉力，N；

a——试件的黏结面长度，mm；

b——试件的黏结面宽度，mm。

除去表面未被粘住面积超过20%的试件，黏结强度以剩余的不少于3个试件的算数平均值表示，不足3个试件应重新试验，结果精确至0.01MPa。

（九）吸水率检测

1. 检测步骤

将50mm×50mm的涂膜试件称量质量外，然后将试件浸入（23±2）℃的水中（168±2）h，取出用滤纸吸干表面的水渍，立即称量试件从水中取出到称量完毕应在1min内完成。

2. 检测结果

吸水率按下式计算：

$$W_m = \frac{m_2 - m_1}{m_1} \times 100\%$$

（5-19）

式中 W_m———吸水率，%；

m_1———浸水前试件质量，g；

m_2———浸水后试件质量，g。

试验结果取 3 个试件的算数平均值，精确至 0.1%。

第六章 金属材料及其检测

第一节 钢材的种类与应用

建筑钢材是指用于钢结构中的各种型材（如角钢、槽钢、工字钢、圆钢等）、钢板、钢管和用于钢筋混凝土结构中的各种钢筋、钢丝等。

建筑钢材具有较高的强度，有良好的塑性和韧性，能承受冲击和振动荷载；可焊接或制接，易于加工和装配，所以被广泛应用于建筑工程中。但钢材也存在易锈蚀及耐火性差等缺点。

一、钢材的冶炼和分类

（一）钢材的冶炼

含碳量大于 2.06% 的铁碳合金为生铁，小于 2.06% 的铁碳合金为钢。生铁是由铁矿石、焦炭和少量石灰石等在高温的作用下进行化学反应，铁矿石中的氧化铁形成金属铁，然后再吸收碳而成生铁。生铁中含有较多的碳以及硫、磷、硅、猛等杂质，杂质使得生铁硬而脆，塑性差，抗拉强度低，使用受到很大限制。炼钢的目的就是通过冶炼将生铁中的含碳量降至 2.06% 以下，其他杂质含量降至一定的范围内，以显著改善其技术性能，提高质量。

钢的冶炼方法主要有氧气转炉法、电炉法和平炉法三种。目前，氧气转炉法已成为现代炼钢的主要方法，而平炉法则已基本被淘汰，炼钢方法见表 6-1。

表6-1 炼钢方法的特点和应用

炉种	原料	特点	生产钢种
氧气转炉	铁水、废钢	冶炼速度快，生产效率高，钢质较好	碳素钢、低合金钢
电炉	废钢	容积小，耗电大，控制严格，钢质好，但成本高	合金钢、优质碳素钢
平炉	生铁、废钢	容量大，冶炼时间长，钢质较好且稳定，成本较高	碳素钢、低合金钢

1. 钢的分类

钢的基本分类方法见表6-2。

表6-2 钢的分类

分类	类别		特性	应用
按化学成分分类	碳素钢	低碳钢	含碳量<0.25%	在建筑工程中，主要用的是低碳钢和中碳钢
		中碳钢	含碳量0.25%~0.60%	
		高碳钢	含碳量>0.60%	
	合金钢	低合金钢	合金元素总含量<5%	建筑上常用低合金钢
		中合金钢	合金元素总含量5%~10%	
		高合金钢	合金元素总含量>10%	
按脱氧程度分类	沸腾钢		脱氧不完全，硫、磷类杂质偏析较严重，代号为"F"	生产成本低，产量高，可广泛用于一般的建筑工程
	镇静钢		脱氧完全，同时去硫，代号为"Z"	适用于承受冲击荷载、预应力混凝土等重要结构工程
	半镇静钢		脱氧程度介于沸腾钢和镇静钢之间，代号为"B"	为质量较好的钢
	特殊镇静钢		比镇静钢脱氧程度还要充分彻底，代号为"TZ"	适用于特别重要的结构工程

二、钢材的性质

钢材的主要技术性能分类如图 6-1 所示。

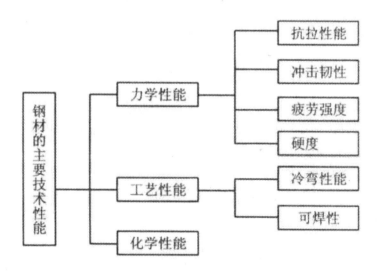

图6-1 钢材的主要技术性能分类

（一）力学性能

1.抗拉性能

拉伸是建筑钢材的主要受力形式，所以拉伸性能是表示钢材性能和选用钢材的重要指标。将低碳钢（软钢）制成一定规格的试件，放在材料试验机上进行拉伸试验，可以绘出图6-2所示的应力—应变关系曲线。从图6-2中可以看出，低碳钢受拉至拉断，经历了四个阶段：弹性阶段（O—A）、屈服阶段（A—B）、强化阶段（B—C）和颈缩阶段（C—D）。

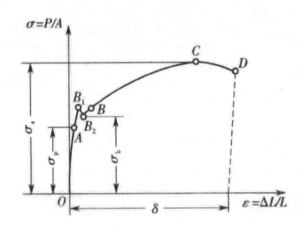

图6-2 低碳钢受拉的应力—应变图

（1）弹性阶段

曲线中 OA 段是一条直线，应力与应变成正比。

如卸去外力，试件能恢复原来的形状，这种性质即为弹性，此阶段的变形为弹性变形。与4点对应的应力称为弹性极限，以 σ_p 表示。在弹性受力范围内，应力与应变的比值为常数，即弹性模量 $E=\sigma/\varepsilon$。E 的单位为 MPa，例如 Q235 钢的 $E=0.21\times10^6$，25MnSi 钢的 $E=0.2\times106$ MPa。弹性模量反映钢材抵抗弹性变形的能力，是钢材在受力条件下计算结构变形的重要指标。

（2）屈服阶段

应力超过4点后，应力、应变不再成正比关系，开始出现塑性变形。应力的增长滞后于应变的增长，当应力达 B 上点后（屈服上限），瞬时下降至 B 下点（屈服下限），变形迅速增加，而此时外力则大致在恒定的位置上波动，直到 B 点，这就是所谓的"屈服现象"，似乎钢材不能承受外力而屈服，所以 AB 段称为屈服阶段。与 B 下点（此点较稳定、易测定）对应的应力称为屈服点（屈服强度），用 σ_s 表示。常用碳素结构钢 Q235 的屈服极限 σ_s 不应低于 235 MPa。

中碳钢与高碳钢（硬钢）的拉伸曲线与低碳钢不同，屈服现象不明显，难以测定屈服点，则规定产生残余变形为原标距长度的 0.2% 时所对应的应力值，作为硬钢的屈服强度，也称条件屈服强度，用 $\sigma_{0.2}$ 表示，如图 6-3 所示。

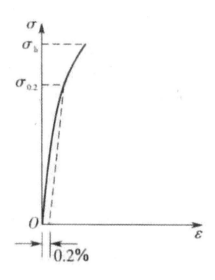

图6-3 中、高碳钢的应力—应变图

（3）强化阶段

应力超过屈服点后，由于钢材内部组织中的晶格发生了畸变，阻止了晶格进一步滑移，钢材得到强化，所以钢材抵抗塑性变形的能力又重新提高，B—C 段呈上升曲线，称为强化阶段。对应于最高点 C 的应力值（σ_b）称为极限抗拉强度，简称抗拉强度。显然，S 是钢材受拉时所能承受的最大应力值，Q235 钢约为 380 MPa。σ_b 是钢材受力大于屈服点后，会出现较大的塑性变形，已不能满足使用要求，因此屈服强度是设计上钢材强度取值的依据，是工程结构计算中非常重要的一个参数。屈服强度和抗拉强度之比（即屈强比 σ_s/σ_b）能反映钢材的利用率和结构安全可靠程度。屈强比越小，其结构的安全可靠程度越高，但屈强比过小，又说明钢材强度的利用率偏低，造成钢材浪费。建筑结构钢合理的屈强比一般为 0.60 ~ 0.75。

（4）颈缩阶段

试件受力达到最高点 C 点后，其抵抗变形的能力明显降低，变形迅速发展，应力逐渐下降，试件被拉长，在有杂质或缺陷处，断面急剧缩小，直到断裂。故 C—D 段称为颈缩阶段。

建筑钢材应具有很好的塑性。钢材的塑性通常用断后伸长率和断面收缩率表示。如图 6-4 所示，将拉断后的试件拼合起来，测定出标距范围内的长度 L_1（mm），其与试件原标距 L_0（mm）之差为塑性变形值，塑性变形值与 L_0 之比称为断后伸长率（δ）。试件断面处面积收缩量与原面积之比，称断面收缩率（Ψ）。

断后伸长率是衡量钢材塑性的一个重要指标，δ 越大说明钢材的塑性越好。而一定的塑性变形能力，可保证应力重新分布，避免应力集中，从而钢材用于结构的安全性越大。塑性变形在试件标距内的分布是不均匀的，颈缩处的变形最大，离颈缩部位越远其变形越小。所以原标距与直径之比越小，则颈缩处伸长值在整个伸长值中的比重越大，计算出来的 δ 值就大。通常以 δ_5 和 δ_{10} 分别表示 $L_0=5d_0$ 和 $L_0=10d_0$ 时的伸长率。对于同一种钢材，其 $\delta_5 > \delta_{10}$，δ 和 Ψ 都是表示钢材塑性大小的指标。

钢材在拉伸试验中得到的屈服点强度 σ_s、抗拉强度 σ_b、伸长率 δ 是确定钢材牌号或等级的主要技术指标。

2. 冲击韧性

与抵抗冲击作用有关的钢材的性能是韧性。韧性是钢材断裂时吸收机械能能力的量度。吸收较多能量才断裂的钢材，是韧性好的钢材。在实际工作中，用冲击韧度衡量钢材抗脆断的性能。

冲击韧度是以试件冲断时缺口处单位面积上所消耗的功（J/cm^2）来表示，其符号为 a_k。试验时将试件放置在固定支座上，然后以摆锤冲击试件刻槽的背面，使试件承受冲击弯曲而断裂，如图6-4所示。显然，a_k 值越大，钢材的冲击韧度越好。

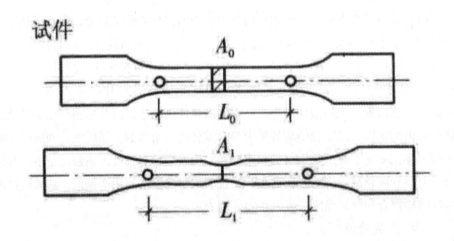

图6-4　钢材的伸长率

3. 耐疲劳性

受交变荷载反复作用，钢材在应力低于其屈服强度的情况下突然发生脆性断裂破坏的现象，称为疲劳破坏。钢材的疲劳破坏一般是由拉应力引起的，首先在局部开始形成细小断裂，随后由于微裂纹尖端的应力集中而使其逐渐扩大，直至突然发生瞬时疲劳断裂。

在一定条件下，钢材疲劳破坏的应力值随应力循环次数的增加而降低，如图6-5所示。钢材在无穷次交变荷载作用下而不至引起断裂的最大循环应力值，称为疲劳强度极限。

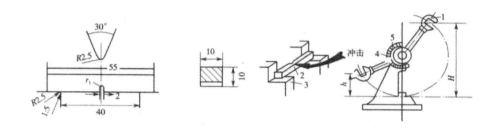

图6-5 冲击韧性试验示意图

钢材的疲劳强度与很多因素有关，如组织结构、表面状态、合金成分、夹杂物和应力集中几种情况。一般来说，钢材的抗拉强度高，其疲劳极限也较高。

4. 硬度

钢材的硬度是指其表面抵抗硬物压入产生局部变形的能力。测定钢材硬度的方法有布氏法、洛氏法和维氏法等。建筑钢材常用布氏硬度表示，其代号为HB。

布氏法的测定原理是利用直径为D（mm）的淬火钢球，以荷载P（N）将其压入试件表面，经规定的持续时间后卸去荷载，得直径为d（mm）的压痕，以压痕表面积A（mm^2）除荷载P，即得布氏硬度（HB）值，此值无量纲。布氏硬度测定如图6-6所示。

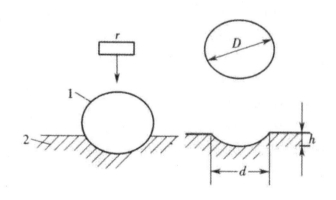

图6-6 布氏硬度的测定

（二）钢材的工艺性能

1. 冷弯性能

冷弯性能是指钢材在常温下承受弯曲变形的能力。冷弯是通过检验试件经规定的弯曲程度后，弯曲处外面及侧面有无裂纹、起层、鳞落和断裂等情况进行评定的，其测试方法如图 6-7 所示。一般用弯曲角度以及弯心直径与钢材的厚度或直径的比值来表示。弯曲角度 α 越大，而弯心直径 d 与钢材的厚度或直径的比值越小，表明钢材的冷弯性能越好。

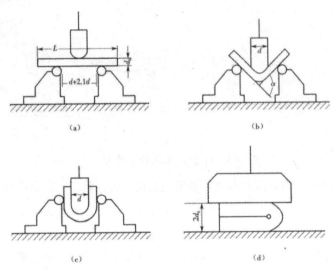

图6-7　钢筋冷弯

（a）试样安装（b）弯曲90°　（c）弯曲180°　（d）弯曲至两面重合

2. 可焊性

可焊性是指钢材是否适应通常的焊接方法与工艺的性能。在焊接过程中，高温作用和焊接后的急剧冷却作用，会使焊缝及附近的过热区发生晶体组织及结构的变化，产生局部变形、内应力和局部硬脆，降低了焊接质量。

钢的可焊性主要与钢的化学成分及其含量有关。当含碳量超过 0.3% 时，钢的可焊性变差，特别是硫含量过高，会使焊接处产生热裂纹并硬脆（热脆性），其他杂质含量多也会降低钢材的可焊性。

采取焊前预热以及焊后热处理的方法，可使可焊性较差的钢材的焊接质量提高。施工中正确地选用焊条及正确的操作均能防止夹入焊渣、气孔、裂纹等缺陷，提高其焊接质量。

三、钢材的化学成分及其对性质的影响

钢是含碳量小于 2% 的铁碳合金，碳大于 2% 时则为铸铁。碳素结构钢由纯铁、碳及杂质元素组成，其中纯铁约占 99%，碳及杂质元素约占 1%。低合金结构钢中，除上述元素外还加入合金元素，后者总量通常不超过 3%。除铁、碳外，钢材在冶炼

过程中会从原料、燃料中引入一些其他元素。化学元素对钢材性能的影响见表6-3。

表6-3　化学元素对钢材性能的影响

化学元素	强度	硬度	塑性	韧性	可焊性	其他
碳（C）<1%↑	↑		↑	↓	↓	冷脆性↑
硅（Si）>1%↑			↑	↓↓	↓	冷脆性↑
镉（Mn）↑	↑	↑		↑		脱氧、硫剂
钛（Ti）↑	↑↑		↑	↑		强脱氧剂
钒（V）↑	↑↑					时效↓
磷（P）↑	↑		↑	↓	↓	偏析、冷脆↑↑
氮（N）↑	↑		↑	↓↓	↓	冷脆性↑
硫（S）↑	↑				↓	热脆性↑
氧（O）↑	↑				↓	热脆性↑

四、钢材的冷加工及热处理

（一）钢材的冷加工

1.冷拉

将热轧钢筋用冷拉设备进行张拉，拉伸至产生一定的塑性变形后，卸去荷载。冷拉参数的控制直接关系到冷拉效果和钢材质量。一般钢筋冷拉仅控制冷拉率，称为单控。对用作预应力的钢筋，须采用双控，即既控制冷拉应力，又控制冷拉率。冷拉时当拉至控制应力时可以未达控制冷拉率，反之钢筋则应降级使用。钢筋冷拉后，屈服强度可提高20%～30%，可节约钢材10%～20%，钢材经冷拉后屈服阶段缩短，伸长率降低，材质变硬。

2.冷拔

将直径为6.5～8 mm的碳素结构钢的Q235（或Q215）盘条，通过拔丝机中钨合金做成的比钢筋直径小0.5～1.0 mm的冷拔模孔，冷拔成比原直径小的钢丝，称为冷拔低碳钢丝。如果经过多次冷拔，可得规格更小的钢丝。冷拔作用比纯拉伸的作用强烈，钢筋不仅受拉，而且同时受到挤压作用。经过一次或多次冷拔后得到的冷拔低碳钢丝，其屈服点可提高40%～60%，但失去软钢的塑性和韧性，而具有硬质钢材的特点。

3.冷轧

冷轧是将圆钢在轧钢机上轧成断面形状规则的钢筋，可以提高其强度及与混凝土的黏结力。钢筋在冷轧时，纵向与横向同时产生变形，因而能较好地保持其塑性和内部结构的均匀性。

（二）冷加工时效

冷加工后的钢材，随着时间的延长，钢材的屈服强度、抗拉强度与硬度还会进一步提高，塑性、韧性继续降低的现象称为时效。时效是一个十分缓慢的过程，有些钢材即使未有经过冷加工，长期搁置后也会出现时效，但不如冷加工后表现明显。钢材冷加工后，由于产生塑性变形，使时效大大加快。

钢材冷加工的时效处理有两种方法。

1. 自然时效

将经过冷拉的钢筋在常温下存放 15 ~ 20 d，称为自然时效，它适用于强度较低的钢材。

2. 人工时效

对强度较高的钢材，自然时效效果不明显，可将经冷加工的钢材加热到 100 ~ 200℃并保持 2 ~ 3 h，则钢筋强度将进一步提高，这个过程称为人工时效。它适用于强度较高的钢筋。

（三）钢材的热处理

将钢材按一定规则加热、保温和冷却处理，以改变其组织，得到所需要的性能的一种工艺过程。钢材热处理的方法有以下几种。

1. 退火

退火是将钢材加热到一定温度，保温后缓慢冷却（随炉冷却）的一种热处理工艺，有低温退火和完全退火之分。退火的目的是细化晶粒，改善组织，减少加工中产生的缺陷、减轻晶格畸变，消除内应力，防止变形、开裂。

2. 正火

正火是退火的一种特例。正火在空气中冷却，两者仅冷却速度不同。与退火相比，正火后钢材的硬度、强度较高，而塑性减小。

3. 淬火

淬火是将钢材加热到基本组织转变温度以上（一般为 900 ℃以上），保温使组织完全转变，即放入水或油等冷却介质中快速冷却，使之转变为不稳定组织的一种热处理操作。其目的是得到高强度、高硬度的组织。淬火会使钢材的塑性和韧性显著降低。

4. 回火

回火是将钢材加热到基本组织转变温度以下（150 ~ 650℃内选定），保温后在空气中冷却的一种热处理工艺，通常和淬火是两道相连的热处理过程。其目的是促进不稳定组织转变为需要的组织，消除淬火产生的内应力，改善力学性能等。

五、常用建筑钢材的技术标准与应用

建筑钢材可分为钢结构用型钢和钢筋混凝土结构用钢筋。各种型钢和钢筋的性能主要取决于所用钢种及其加工方式。在建筑工程中，钢结构所用各种型钢，钢筋混凝土结构所用的各种钢筋、钢丝、锚具等钢材，基本上都是碳素结构钢和低合金结构钢等钢种，经热轧或冷拔、热处理等工艺加工而成。

（一）普通碳素结构钢

普通碳素结构钢简称碳素钢、碳钢，包括一般结构钢和工程用热轧用型钢、钢板、钢带。

1. 牌号表示方法

根据《碳素结构钢》（GB/T 700-2006）标准，普通碳素结构钢的牌号由代表屈服点的字母（Q）、屈服强度数值（MPa）、质量等级符号（A、B、C、D）、脱氧程度符号（F、B、Z、TZ）四个部分按顺序组成。

屈服强度用符号"Q"表示，有 195 MPa、215 MPa、235 MPa、275 MPa 这四种；质量等级是按钢中硫、磷含量由多至少划分的，分 A、B、C、D 四个质量等级；按脱氧程度不同分为：沸腾钢（F）、半镇静钢（B），当为镇静钢或特殊镇静钢时，则牌号表示"Z"与"TZ"符号可予以省略。按标准规定，我国碳素结构钢分五个牌号，即 Q195、Q215、Q235、Q255 和 Q275。例如 Q235—A-F，它表示：屈服点为 235 N/mm2 的平炉或氧气转炉冶炼的 A 级沸腾碳素结构钢。

2. 碳素结构钢的技术要求

碳素结构钢的技术要求包括化学成分、力学性能、冶炼方法、交货状态、表面质量等五个方面。

3. 普通碳素结构钢的性能和用途

碳素结构钢的牌号顺序随含碳量逐渐增加，屈服强度和抗拉强度也不断增加，伸长率和冷弯性能则不断下降。碳素结构钢的质量等级取决于钢内有害元素硫（S）和磷（P）的含量，硫、磷含量越低，钢的质量越好，其可焊性和低温抗冲击性能增强。常用碳素钢性能与用途见表 6-4。

表6-4　常用碳素钢的性能与用途

牌号	性能	用途
Q195	强度低，塑性、韧性、加工性能与焊接性能较好	主要用于轧制薄板和盘条等
Q215	强度高，塑性、韧性、加工性能与焊接性能较好	大量用作管坯、螺栓等
Q235	强度适中，有良好的承载性，又具有较好的塑料性和韧性，可焊性和可加工性也较好，是钢结构常用牌号	一般用于只承受静荷载作用的钢结构 适合用于承受动荷载焊接的普通钢结构 适合用于承受动荷载焊接的重要钢结构 适合用于低温环境使用的承受动荷载焊接的重要钢结构
Q275	强度高、塑性和韧性稍差，不易冷弯加工，可焊性较差，强度、硬度较高，耐磨性较好，但塑性、冲击韧度和可焊性差	主要用作铆接或栓接结构，以及钢筋混凝土的配筋。不宜在建筑结构中使用，主要用于制造轴类、农具、耐磨零件和垫板等

（二）优质碳素结构钢

按国家标准的规定，优质碳素结构钢根据锰含量的不同可分为：普通锰含量钢（锰含量＜0.8%）和较高锰含量钢（锰含量在0.7%～1.2%）两组。优质碳素结构钢的钢材一般以热轧状态供应。硫、磷等杂质含量比普通碳素钢少，其含量均不得超过0.035%。其质量稳定，综合性能好，但成本较高。

优质碳素结构钢的牌号用两位数字表示，它表示钢中平均含碳量的万分数。如45号钢，表示钢中平均含碳为0.45%。数字后若有"锰"字或"Mn"，则表示属较高锰含量的钢，否则为普通锰含量钢。如35Mn表示平均含碳量0.35%，含锰量为0.7%～1.0%。若是沸腾钢或半镇静钢，还应在牌号后面加"沸"（或F）或"半"（或8）。

（三）低合金高强度结构钢

低合金高强度结构钢是一种在碳素钢的基础上添加总量小于5%合金元素的钢材，具有强度高，塑性和低温冲击韧度好、耐锈蚀等特点。低合金高强度结构钢的牌号的表示方法为：屈服强度—质量等级，它以屈服强度划分成五个等级：Q295、Q345、Q390、Q420、Q460，质量也分为五个等级：E、D、C、8、4。

由于合金元素的强化作用，使低合金结构钢不但具有较高的强度，且具有较好的塑性、韧性和可焊性。低合金高强度结构钢广泛应用于钢结构和钢筋混凝土结构中，特别是大型结构、重型结构、大跨度结构、高层建筑、桥梁工程、承受动力荷载和冲击荷载的结构。

（四）钢筋混凝土结构用钢

钢筋混凝土结构用钢，主要由碳素结构钢和低合金结构钢轧制而成，有热轧钢筋、冷加工钢筋、热处理钢筋、预应力混凝土用钢丝和钢绞线等。按直条或盘条（也称盘圆）

供货。

1. 热轧钢筋

经热轧成型并自然冷却的成品钢筋，称为热轧钢筋。热轧钢筋是建筑工程中用量最大的钢材品种之一，主要用于钢筋混凝土结构和预应力钢筋混凝土结构的配筋。根据表面特征不同，热轧钢筋分为光圆钢筋和带肋钢筋两大类。

（1）热轧光圆钢筋。

热轧光圆钢筋，横截面为圆形，表面光圆，国家标准推荐的钢筋公称直径有6mm、10 mm、12 mm、16 mm、20 mm六种。热轧光圆钢筋用钢以氧气转炉、电炉冶炼，按屈服强度值分为300一个级别。热轧光圆钢筋的牌号表示方法见表6-5。其化学成分应符合表6-6的规定，屈服强度R_{eL}、抗拉强度R_m、断后伸长率A、最大力总伸长率A_{gt}等力学性能特征值应符合表6-7的规定，冷弯试验时受弯曲部位外表面不得产生裂纹。

表6-5 热轧光圆钢筋牌号的构成及其含义（GB 1499.2—2007）

产品名称	牌号	牌号构成	英文字母含义
热轧光圆钢筋	HPB300	由HPB+屈服强度特征值构成	HPB—热轧光圆钢筋的英文（Hot rolled Plain Bars）缩写。

表6-6 热轧光圆钢筋的化学成分（GB 1499.2—2007）

牌号	化学成分（质量分数）/%			不大于	
	C	Si	Mn	P	S
HPB300	0.25	0.55	1.50		

表6-7 热轧光圆钢筋的力学性能及冷弯性能（GB 1499.2—2007）

牌号	R_{eL}/MPa	R_m/MPa	A/%	A_{kf}/%	冷弯试验180° d—
	不小于				弯芯直径，a—钢筋公
HPB300	300	420			称直径

热轧光圆钢筋的强度较低，但塑性及焊接性能很好，便于各种冷加工，故广泛用于普通钢筋混凝土构件的受力筋及各种钢筋混凝土结构的构造筋。

（2）热轧带肋钢筋

热轧带肋钢筋通常为圆形横截面，且表面通常带有两条纵肋和沿长度方向均匀分布的横肋。按《钢筋混凝土用热轧带肋钢筋》（GB 1499.2-2007）给出的月牙肋钢筋表面及截面形状如图 6-8 所示。

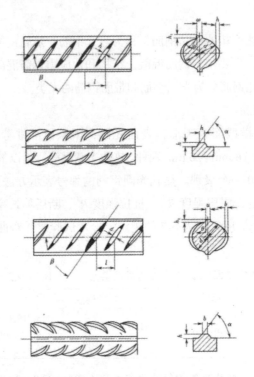

图6-8　月牙肋钢筋（带纵肋）表面及截面形状

热轧带肋钢筋按屈服强度值分为335、400、500三个等级，其牌号由HRB和规定屈服强度构成。热轧带肋钢筋牌号的构成及其含义见表6-9。其技术要求，主要有化学成分、力学性能和工艺性能。化学成分、主要化学元素和碳含量的最大值，如表6-10所列。力学性能及工艺性能分别符合表6-11、6-12的规定。热轧带肋钢筋的工艺性能，按表6-12中最右边一栏规定的弯心直径弯曲180°后，钢筋受弯曲部位外表面不得产生裂纹。根据需方要求，钢筋还可以做反向弯曲试验，弯心直径比弯曲试验相应增加一个钢筋公称直径，先正向弯曲90°后再反向弯曲20°。两个弯曲角度均应在去载之前测量。经反向弯曲试验后，钢筋受弯曲部位表面不产生裂纹。

表6-9　热轧带肋钢筋牌号的构成及其含义（GB 1499.2-2007）

类别	牌号	牌号构成	英文字母含义
普通热轧钢筋	HRB335	由HRB+屈服强度特征值构成	HRB-热轧带肋钢筋的英文（Hot rolled Ribbed Bars）缩写
	HRB400		
	HRB500		
细晶粒热轧钢筋	HRBF335	由HRBF+屈服强度特征值构成	HRBF—在热轧带肋钢筋的英
	HRBF400		文缩写后加"细"的英文（Fine）
	HRBF500		首位字母

表6-10　热轧带肋钢筋的化学成分（GB 1499.2—2007）

牌号	化学成分/%					
	C	Si	Mn	P	S	Ceq
HRB335 HRBF335						0.52
HRB400 HRBF400	0.25	0.80	1.60	0.045	0.045	0.54
HRB500 HRBF500						0.55

表6-11　热轧带肋钢筋的力学性能（GB 1499.2—2007）

牌号	R_{eL}/MPa	R_m/MPa	A/%	A_{kt}/%
	不小于			
HRB335 HRBF335	335	455	17	
HRB400 HRBF400	400	540	16	7.5
HRB500 HRBF500	500	630	15	

表6-12　热轧带肋钢筋的冷弯性能（GB 1499.2—2007）

牌号	公称直径d	弯心直径
HRB335 HRBF335	6～25	3d
	28～40	4d
	>40～50	5d
HRB400 HRBF400	6>25	4d
	28>40	5d
	>40>50	6d
HRB500 HRBF500	6>25	6d
	28>40	7d
	>40>50	8d

　　热轧带肋钢筋中的HRB335和HRB400的强度较高，塑性和焊接性能也较好，广泛用作大、中型钢筋混凝土结构的受力钢筋。HRB500带肋钢筋强度高，但塑性和焊接性较差，适宜作预应力钢筋使用。

　　2. 钢筋混凝土用冷拉钢筋

　　为了提高钢筋的强度及节约钢筋，工程中常按施工规程，控制一定的冷拉应力或冷拉率，对热轧钢筋进行冷拉。冷拉钢筋的力学性能应符合规范规定的要求，见表6-13。冷拉钢筋冷弯后，不得有裂纹、起层等现象。

表6-13　冷拉热轧钢筋的力学性能（GB 50204—2015）

钢筋级别	钢筋直径 mm	屈服强度 N/mm²	抗拉强度 N/mm²	伸长率	冷弯	
		不小于			弯曲角度	弯曲直径
冷拉Ⅰ级	≤12	280	370	11	180°	d=3a
冷拉Ⅰ级	≤25	450	510	10	90°	d=3a
	28～40	430	490	10	90°	d=4a
冷拉ⅢI级	8～40	500	570	8	90°	d=5a
冷拉Ⅳ级	10～28	700	835	6	90°	d=5a

3. 预应力混凝土用钢棒（热处理钢筋）

预应力混凝土用热处理钢筋是普通热轧中碳低合金钢经淬火和回火等调质处理而成，有 6 mm、8.2 mm 10 mm 三种规格的直径。其代号为 RB150。《预应力混凝土用钢棒》（GB/T 5223.3—2005）规范规定，热处理钢筋有 $40Si_2Mn$、$48Si_2Mn$ 和 $45Si_2Cr$ 等三个牌号，其化学成分和力学性能见表和 6-14 规定。热处理钢筋成盘供应，每盘长 100～120 m，钢筋开盘后自然伸直，使用时按需要长度切断。

表6-14　预应力混凝土用钢棒的化学成分（GB/T 5223.3—2005）

牌号	化学成分/%					
	C	Si	Mn	Cr	P	S
					不大于	
$40Si_2Mn$	0.36～0.45	1.40～1.90	0.80～1.20	—	0.045	0.045
$48Si_2Mn$	0.44～0.53	1.40～1.90	0.80～1.20	—	0.045	0.045
$45Si_2Cr$	0.41～-0.51	1.55～1.95	0.40～0.70	0.30～0.60	0.045	0.045

表6-15　预应力混凝土用钢棒的力学性能指标（GB/T 5223.3—2005）

公称直径/mm	牌号	屈服强度 σ_b/MPa	抗拉强度 σ_b/MPa	伸长率 δ_{100}/%
		不小于		
6	$40\%Si_2Mn$			
8.2	$48Si_2Mn$	1 325	1 476	6
10	$45\%Si_2Cr$			

预应力混凝土用钢棒的优点是：强度高，可代替高强钢丝使用；配筋根数少，节约钢材；锚固性好，不易打滑，预应力值稳定；施工简便，开盘后钢筋自然伸直，不需调直及焊接。主要用于预应力钢筋混凝土轨枕，也用于预应力梁、板结构及吊车梁等。

4. 冷轧带肋钢筋

冷轧带肋钢筋是采用由普通低碳钢或低合金钢热轧的圆盘条为母材，经冷轧减径后在其表面冷轧成二面或三面有肋的钢筋。冷轧带肋钢筋的横肋呈月牙形，横肋沿钢筋截面周圈上均匀分布，其中三面肋钢筋有一面肋的倾角必须与另两面反向，二面肋钢筋一面肋的倾角必须与另一面反向。冷轧带肋钢筋是热轧圆盘钢筋的深加工产品。

冷轧带肋钢筋的牌号由 CRB 和钢筋的抗拉强度最小值构成。C、R、B 分别为冷轧（Cold ribbed）、带肋（Ribbed）、钢筋（Bar）三个词的英文首位字母。冷轧带肋钢筋分为 CRB550、CRB650、CRB800、CRB970 和 CRB1170 五个牌号。CRB550 冷轧带肋钢筋的公称直径范围为 4 ~ 12 mm，为普通钢筋混凝土用钢筋。其他牌号钢筋的公称直径为 4 mm、5 mm、6 mm，为预应力混凝土用钢筋。

5. 冷拔低碳钢丝

冷拔低碳钢丝是用普通碳素钢热轧盘条钢筋在常温下冷拔加工而成。《冷拔低碳钢丝应用技术规程》（JGJ 19—2010）只有 CDW550 一个强度级别，其直径为 3 mm、4 mm、5 mm、6 mm、7 mm 和 8 mm。

冷拔低碳钢丝的抗拉强度设计值和力学性能、冷弯性能分别见表 6-16 和 6-17 的规定。

表6-16　冷拔低碳钢丝的抗拉强度设计值（JGJ 19-2010）

牌号	符号	f_y
CDW550	Φ^b	320

表6-17　冷拔低碳钢丝的力学性能，冷弯性能(JGJ 19- 2010)

冷拔低碳钢丝直径/mm	抗拉强度Rm/(N/mm²) 不小于	伸长率A/% 不小于	180° 反复弯曲次数不小于	弯曲半径/mm
3	550	2.0	4	7.5
4		2.5		10
5				15
6		3.0		15
7				20
8				20

冷拔低碳钢丝用于预应力混凝土桩、钢筋混凝土排水管及环形混凝土电杆的钢筋骨架中的螺旋筋（环向钢筋）和焊接网、焊接骨架、箍筋和构造钢筋。冷拔低碳钢丝不得做预应力钢筋使用，做箍筋使用时直径不宜小于 5 mm。

6. 预应力混凝土用钢丝及钢绞线

大型预应力混凝土构件，由于受力很大，常采用高强度钢丝或钢绞线作为主要受力钢筋。

（1）预应力高强度钢丝

钢丝按加工状态分为冷拉钢丝和消除应力钢丝两类。

冷拉钢丝，用盘条通过拔丝模或轧辊经冷加工而成产品，以盘卷供货的钢丝。

消除应力钢丝，按下述一次性连续处理方法之一的钢丝。即钢丝在塑性变形下（轴应变）进行的短时热处理，得到的应是低松弛钢丝；或钢丝通过矫直工序后在适当温度下进行的短时热处理，得到的应是普通松弛钢丝，故消除应力钢丝按松弛性能又分为低松弛级钢丝和普通松弛级钢丝。（松弛：在恒定长度应力随时间而减小的现象。）

钢丝按外形分为光圆钢丝、螺旋肋钢丝、刻痕钢丝三种。螺旋肋钢丝，钢丝表面沿着长度方向上具有规则间隔的肋条，如图 6-9 所示；刻痕钢丝，钢丝表面沿着长度方向上具有规则间隔的压痕，如图 6-10 所示。

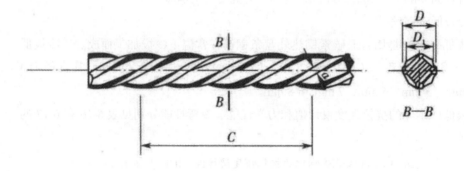

图6-9　螺旋肋钢丝外形示意图

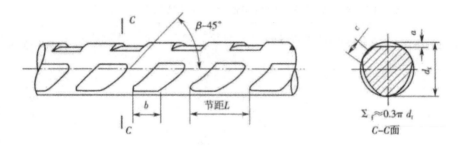

图6-10　三面刻痕钢丝外形示意图

《预应力混凝土用钢丝》（GB/T 5223—2014）规定：冷拉钢丝的代号为 WCD；低松弛钢丝的代号为 WLR；普通松弛钢丝的代号为 WNR。光圆钢丝的代号为 P；螺旋肋钢丝的代号为 H；刻痕钢丝的代号为 I。

预应力钢丝的抗拉强度比钢筋混凝土用热轧光圆钢筋、热轧带肋钢筋高很多，在构件中采用预应力钢丝可节省钢材、减少构件截面和节省混凝土。主要用于桥梁、吊车梁、大跨度屋架和管桩等预应力钢筋混凝土构件中。

（2）预应力混凝土钢绞线

预应力混凝土钢绞线是按严格的技术条件，绞捻起来的钢丝束。

预应力钢绞线按捻制结构分为五类：用两根钢丝捻制的钢绞线（代号为 1×2）、用三根钢丝捻制的钢绞线（代号为 1×3）、用三根刻痕钢丝捻制的钢绞线（代号为 1×3I）、用七根钢丝捻制的标准型钢绞线（代号为 1×7）、用七根钢丝捻制又经模拔的钢绞线 [代号为（1×7）C]。钢绞线外形示意图如图 6-11 所示。

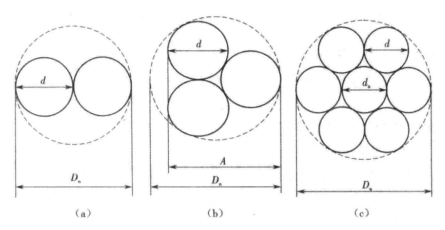

图6-11 钢绞线外形示意图

（a）1×2结构钢绞线（b）1×3结构钢绞线（c）1×7结构钢绞线

预应力钢丝和钢绞线具有强度高、柔度好，质量稳定，与混凝土黏结力强，易于锚固，成盘供应不需接头等诸多优点。主要用于大跨度、大负荷的桥梁、电杆、轨枕、屋架、大跨度吊车梁等结构的预应力筋。

（五）钢结构用钢

钢结构用钢中一般可直接选用各种规格与型号的型钢，构件之间可直接连接或附以板进行连接。连接方式为铆接、螺栓连接或焊接。因此，钢结构所用钢材主要是型钢和钢板。型钢和钢板的成型有热轧和冷轧。

1.热轧型钢

热轧型钢主要采用碳素结构钢Q235—A，低合金高强度结构钢Q345和Q390热轧成型。

常用的热轧型钢有角钢、工字钢、槽钢、T形钢、H形钢、Z形钢等，如图6-12所示。

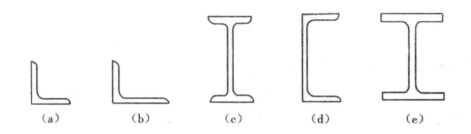

图6-12 热轧型钢

（a）等边角钢（b）不等边角钢（c）工字钢（d）槽钢

（1）热轧普通工字钢

工字钢是截面为工字形、腿部内侧有 1：6 斜度的长条钢材，其规格以"腰高度 × 腿宽度 × 腰厚度"（mm）表示，也可用"腰高度 #"（cm）表示；规格范围为 10#-63#。若同一腰高的工字钢，有几种不同的腿宽和腰厚，则在其后标注 a、b、c 表示相应规格。

工字钢广泛应用于各种建筑结构和桥梁，主要用于承受横向弯曲（腹板平面内受弯）的杆件，但不易单独用作轴心受压构件或双向弯曲的构件。

（2）热轧 H 形钢（GB 11263—2010）

H 形钢由工字形钢发展而来，优化了截面的分布。与工字型钢相比，H 形钢具有翼缘宽，侧向刚度大，抗弯能力强，翼缘两表面相互平行、连接构造方便，重量轻、节省钢材等优点。

H 形钢分为宽翼缘（代号为 HW）、中翼缘（代号为 HM）和窄翼缘 H 形钢（HN）以及 H 型钢桩（HP）。

宽翼缘和中翼缘 H 形钢适用于钢柱等轴心受压构件，窄翼缘 H 形钢适用于钢梁等受弯构件。

H 形钢的规格型号以"代号腹板高度 × 翼板宽度 × 腹板厚度 × 翼板厚度"（mm）表示，也可用"代号腹板高度 × 翼板宽度"表示。

H 形钢截面形状经济合理，力学性能好，常用于要求承载力大、截面稳定性好的大型建筑（如高层建筑）的梁、柱等构件。

（3）热轧普通槽钢

槽钢是截面为凹槽形、腿部内侧有 1：10 斜度的长条钢材。

规格以"腰高度 × 腿宽度 × 腰厚度"（mm）或"腰高度 #"（cm）来表示。

同一腰高的槽钢，若有几种不同的腿宽和腰厚，则在其后标注 a、b、c 表示该腰高度下的相应规格。

槽钢主要用于承受轴向力的杆件、承受横向弯曲的梁以及联系杆件，主要用于建筑钢结构、车辆制造等。

（4）热轧等边角钢（GB/T 706—2008）、热轧不等边角钢（GB/T 706—2008）

角钢是两边互相垂直成直角形的长条钢材。主要用作承受轴向力的杆件和支撑杆件，也可作为受力构件之间的连接零件。

等边角钢的两个边宽相等。规格以"边宽度 × 边宽度 × 厚度"（mm）或"边宽 #"（cm）表示。规格范围为 20×2×（3-4）-200×200×（14-24）。

不等边角钢的两个边不相等。规格以"长边宽度 × 短边宽度 × 厚度"（mm）或"长边宽度 / 短边宽度"（cm）表示。规格范围为 25×16×（3-4）-200×125×（12-18）。

2. 冷弯薄壁型钢

冷弯薄壁型钢指用钢板或带钢在常温下弯曲成的各种断面形状的成品钢材。冷弯型钢是一种经济的截面轻型薄壁钢材，也称为钢质冷弯型材或冷弯型材。其截面各部分厚度相同，在各转角处均呈圆弧形。

冷弯薄壁型钢的类形有 c 形钢、U 形钢、Z 形钢、带钢、镀锌带钢、镀锌卷板、镀锌 C 形钢、镀锌 U 形钢、镀锌 Z 形钢。图 6-13 所示为常见形式的冷弯薄壁型钢。冷弯薄壁型钢的表示方法与热轧型钢相同。

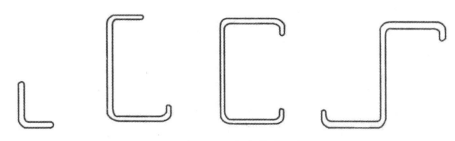

图6-13　冷弯薄壁型钢

冷弯型钢作为承重结构、围护结构、配件等在轻钢房屋中也大量应用。在房屋建筑中，冷弯型钢可用作钢架、桁架、梁、柱等主要承重构件，也被用作屋面檩条、墙架梁柱、龙骨、门窗、屋面板、墙面板、楼板等次要构件和围护结构。冷弯薄壁型钢结构构件通常有檩条、墙梁、刚架等。

3. 板材

（1）钢板

钢板是用碳素结构钢和低合金高强度结构钢经热轧或冷轧生产的扁平钢材。按轧制方式可分为热轧钢板和冷轧钢板。

表示方法：宽度 × 厚度 × 长度（mm）。

厚度大于 4 mm 以上为厚板；厚度小于或等于 4 mm 的为薄板。

热轧碳素结构钢厚板，是钢结构的主要用钢材。低合金高强度结构钢厚板，用于重型结构、大跨度桥梁和高压容器等。薄板用于屋面、墙面或轧型板原料等。

在钢结构中，单块钢板不能独立工作，必须用几块板组合成工字形、箱型等结构来承受荷载。

（2）压型钢板

是用薄板经冷轧成波形、U 形、V 形等形状，如图 6-14 所示。压型钢板有涂层、镀锌、防腐等薄板。压型钢板具有单位质量轻、强度高、抗震性能好、施工快、外形美观等优点。主要用于维护结构、楼板、屋面板和装饰板等。

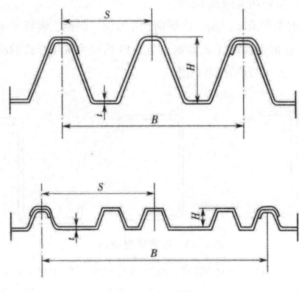

图6-14　压型钢板

（3）花纹钢板

表面压有防滑凸纹的钢板，主要用于平台、过道及楼梯等的铺板。钢板的基本厚度为 2.5 ~ 8.0 mm，宽度为 600 ~ 1 800 mm，长度为 2 000 ~ 12 000 mm。

（4）彩色涂层钢板

彩色涂层钢板是以冷轧钢板，电镀锌钢板、热镀锌钢板或镀铝锌钢板为基板经过表面脱脂、磷化、铬酸盐处理后，涂上有机涂料经烘烤而制成的产品。

彩色涂层钢板的常用涂料是聚酯（PE）、其次还有硅改性树脂（SMP）、高耐候聚酯（HDP）、聚偏氟乙烯（PVDF）等，涂层结构分二涂一烘和二涂二烘，涂层厚度一般在表面 20 ~ 25μm，背面 8 ~ 10μm，建筑外用不应该低于表面 20μm，背面 10μm。彩色涂层可以防止钢板生锈，使钢板使用寿命长于镀锌钢板。

按用途分：建筑外用（JW）、建筑内用（JN）和家用电器（JD）。

按表面状态分为涂层板（TC）、印花板（YH）和压滑板（YaH）。

彩色涂层钢板的标记方式为：钢板用途代号—表面状态代号—涂料代号—基材代号—板厚 × 板宽 × 板长。

涂层钢板具有轻质、美观和良好的防腐蚀性能，可直接加工，给建筑业、造船业、车辆制造业、家具行业、电气行业等提供了一种新型原材料，起到了以钢代木、高效施工、节约能源、防止污染等良好效果。

（六）钢材的选用原则

钢材的选用一般遵循下面原则。

1.荷载性质

对于经常承受动力或振动荷载的结构，容易产生应力集中，从而引起疲劳破坏，需要选用材质高的钢材。

2.使用温度

对于经常处于低温状态的结构，钢材容易发生冷脆断裂，特别是焊接结构要求更高，因而要求钢材具有良好的塑性和低温冲击韧性。

3.连接方式

对于焊接结构，当温度变化和受力性质改变时，焊缝附近的母体金属容易出现冷、热裂纹，促使结构早期破坏。所以焊接结构对钢材化学成分和力学性能要求应较严。

4.钢材厚度

钢材力学性能一般随厚度增大而降低，钢材经多次轧制后，钢的内部结晶组织更为紧密，强度更高，质量更好。故一般结构用的钢材厚度不宜超过 40 mm。

5.结构重要性

选择钢材要考虑结构使用的重要性，如大跨度结构、重要的建筑物结构，须相应选用质量更好的钢材。

六、钢材的锈蚀与防止

钢材的锈蚀是指钢材表面与周围介质发生作用而引起破坏的现象。根据钢材与环境介质作用的机理，腐蚀可分为化学锈蚀和电化学锈蚀。

（一）钢筋混凝土中钢筋锈蚀

普通混凝土为强碱性环境，使之对埋入其中的钢筋形成碱性保护。在碱性环境中，阴极过程难于进行。即使有原电池反应存在，生成的 $Fe(OH)_2$ 也能稳定存在，并成为钢筋的保护膜。所以，用普通混凝土制作的钢筋混凝土，只要混凝土表面没有缺陷，里面的钢筋是不会锈蚀的。但是，普通混凝土制作的钢筋混凝土有时也发生钢筋锈蚀现象，

（二）钢材锈蚀的防止

1.表面刷漆

表面刷漆是钢结构防止锈蚀的常用方法。刷漆通常有底漆、中间漆和面漆三道。底漆要求有较好的附着力和防锈能力，常用的有红丹、环氧富锌漆、云母氧化铁和铁红环氧底漆等。

2.表面镀金属

用耐腐蚀性好的金属，以电镀或喷镀的方法覆盖在钢材的表面，提高钢材的耐腐

蚀能力。常用的方法有镀锌（如白铁皮）、镀锡（如马口铁）、镀铜和镀铬等。

3.采用耐候钢

耐候钢是在碳素钢和低合金钢中加入少量的铜、铬、镍、钼等合金元素而制成。耐候钢既有致密的表面防腐保护，又有良好的焊接性能，其强度级别与常用碳素钢和低合金钢一致，技术指标相近。

第二节　钢材的性能检测和评定

为更合理使用金属材料，充分发挥其作用，必须掌握各种金属材料制成的零、构件在正常工作情况下应具备的性能（使用性能）及其在冷热加工过程中材料应具备的性能（工艺性能）。

材料的使用性能包括物理性能（如密度、熔点、导电性、导热性、热膨胀性、磁性等）、化学性能（耐用腐蚀性、抗氧化性）及力学性能。

一、一般规定

第一，同一截面尺寸和同一炉罐号组成的钢筋分批验收时，每批质量不大于 60 t，如炉罐号不同时，应按《钢筋混凝土结构用热轧钢筋》的规定验收。

第二，钢筋应有出厂质量证明书或试验报告单，每捆（盘）钢筋均应有标牌，进场钢筋应按炉罐（批）号及直径（a）分批验收，验收内容包括插队标牌，外观检查，并按有关规定抽取试样做力学性能试验，包括拉力试验和冷弯试验两个项目。两个项目中如有一个不合格，该批钢筋即为不合格品。

第三，钢筋在使用中如有脆断、焊接性能不良或力学性能显著不正常时，尚应进行化学成分分析，或其他专项试验。

第四，取样方法和结果评定规定，自每批钢筋中任意抽取两根，于每根距端部 50 mm 处各取一套试样(两根试件)，在每套试样中取一根作拉力试验，另一根作冷弯试验。在拉力试验的两根试件中，如其中一根试件的屈服点、抗拉强度和伸长率三个指标中有一个指标达不到标准中规定的数值，应再抽取双倍（4根）钢筋，制取双倍（4根）试件重做试验，如仍有一根试件的一个指标达不到标准要求，则不论这个指标在第一次试件中是否达到标准要求，拉力试验项目也作为不合格。在冷弯试验中，如有一根试件不合服标准要求，应同样抽取双倍钢筋，制成双倍试件重做试验，如仍有一根试件不符合标准要求，冷弯试验项目即为不合格。

第五，试验应在 20±10℃下进行，如试验温度超出这一范围，应于实验记录和报告中注明。

二、钢筋拉伸性能检测

（一）试验目的

测定低碳钢的屈服强度、抗拉强度与延伸率。注意观察拉力与变形之间的变化。确定应力与应变之间的关系曲线，评定钢筋的强度等级。

（二）主要仪器设备

①万能材料试验机。为保证机器安全和试验准确，其吨位选择最好是使试件达到最大荷载时，指针位于指示度盘第三象限内。

②量爪游标卡尺（精确度为 0.1 mm），直钢尺，两脚扎规，打点机等。

（三）试件制作和准备

第一，8 ~ 40 mm 直径的钢筋试件一般不经车削。

第二，如果受试验机吨位的限制，直径为 22 ~ 40 mm 的钢筋可制成车削加工试件。

第三，在试件表面用钢筋划一平行其轴线的直线，在直线上冲浅眼或划线标出标距端点（标点），并沿标距长度用油漆划出 10 等分点的分格标点。

④测量标距长度 L_0（精确至 0.1 mm）。

（四）检测步骤

第一，调整试验机刻度盘的指针，对准零点，拨动副指针与主指针重叠。

第二，将试件固定在试验机夹头内，开动试验机进行拉伸，拉伸速度为：屈服前应力增加速度为每秒 10 MPa；屈服后试验机活动夹头在荷载下的移动速度为不大于 0.5 L/min。

第三，钢筋在拉伸试验时，读取刻度盘指针首次回转前指示的恒定力或首次回转时指示的最小力，即为屈服点荷载；钢筋屈服之后继续施加荷载直至将钢筋拉断，从刻度盘上读取试验过程中的最大力。

第四，拉断后标距长度 L_1。

（五）检测结果确定

①屈服强度 σ_s 和抗拉强度 σ_b 按下式计算（精确至 1 MPa）：

$$\sigma = \frac{F_s}{A} \tag{6-1}$$

$$\sigma=\frac{F_b}{A}$$ （6-2）

式中 σ_s, σ_b——分别为屈服强度和抗拉强度（MPa）；

F_s, F_b——分别为屈服点荷载和最大荷载（N）。

②伸长率按下式计算（精确至 1%）：

$$\delta_5\left(或\delta_{10}\right)=\frac{L_1-L_0}{L_0}\times100\%$$ （6-3）

式中 δ_{10}, δ_5——分别表示 L_0=10d 或 L_0=5d 时的伸长率；

L_0——原标距长度 10d(5d)mm；

L_1——直接量出或按移位法确定的标距部分长度（mm）（测量精确至 0.1 mm）。

如试件在标距端点上或标距处断裂，则试验结果无效，应重做试验。

三、钢材的冷弯性能检测

冷弯是钢材的重要工艺性能，用以检验钢材在常温下承受规定弯曲程度的弯曲变形能力，并显示其缺陷。

（一）试验目的

检验钢筋承受弯曲程度的变形性能，从而确定其可加工性能，并显示其缺陷。

（二）主要仪器设备

压力机或万能试验机，具有不同直径的弯心。

（三）试验步骤

以采用支辊式弯曲装置为例介绍试验步骤与要求，如图 6-15 所示。

①试样放置于两个支点上，将一定直径的弯心在试样两个支点中间施加压力，使试样弯曲到规定的角度，或出现裂纹、裂缝、断裂为止。

②试样在两个支点上按一定弯心直径弯曲至两臂平行时，可一次完成试验，也可先按（1）弯曲至90°，然后放置在试验机平板之间继续施加压力，压至试样两臂平行。

③试验时应在平稳压力作用下，缓慢施加试验力。

④弯心直径必须符合相关产品标准中的规定，弯心宽度必须大于试样的宽度或直径，两支辊间距离为（d+30）±0.50 mm，并且在试验过程中不允许有变化。

⑤试验应在 10 ~ 35 t 下进行，在控制条件下，试验在 23±2℃下进行。

⑥卸除试验力以后，按有关规定进行检查并进行结果评定。

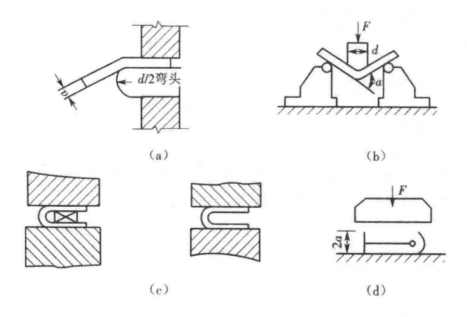

图6-15 钢筋冷弯试验装置示意图

（a）弯曲45° （b）弯曲90° （c）弯曲180° （d）重叠弯曲180°

（四）结果评定

弯曲后，按有关标准规定检查试样弯曲外表面，进行结果评定。若无裂纹、裂缝或裂断，则评定试样合格。

第三节 钢材的验收与储运

一、钢材的验收

钢材的验收按批次检查验收。钢材的验收主要内容如下。

第一，钢材的数量和品种是否与订货单符合。

第二，钢材表面质量检验。钢材表面不允许有结疤、裂纹、折叠和分层、油污等缺陷。

第三，钢材的质量保证书是否与钢材上打印的记号相符合：每批钢材必须具备生产厂家提供的材质证明书，写明钢材的炉号、钢号、化学成分和力学性能等，根据国家技术标准核对钢材的各项指标。

第四，按国家标准按批次抽取试样检测钢材的力学性能。同一级别、种类，同一规格、批号、批次不大于 60 t 为一检验批（不足 60 t 也为一检验批），取样方法应符合国家标准规定。

二、钢材的储运

（一）运输

钢材在运输中要求不同钢号、炉号、规格的钢材分别装卸，以免混乱。装卸中钢材不许摔掷，以免破坏。在运输过程中，其一端不能悬空及伸出车身的外边。另外，装车时要注意荷重限制，不许超过规定，并须注意装载负荷的均衡。

（二）堆放

钢材的堆放要减少钢材的变形和锈蚀，节约用地，且便于提取钢材。

第一，钢材应按不同的钢号、炉号、规格、长度等分别堆放。

第二，堆放在有顶棚的仓库时，可直接堆放在草坪上（下垫楞木），对小钢材亦可放在架子上，堆与堆之间应留出走道；堆放时每隔 5 ~ 6 层放置楞木。其间距以不引起钢材明显的弯曲变形为宜。楞木要上下对齐，在同一垂直平面内。

第三，露天堆放时，应加上简易的篷盖，或选择较高的堆放场地，四周有排水沟。堆放时尽量使钢材截面的背面向上或向外，以免积雪、积水。

第十，为增加堆放钢材的稳定性，可使钢材互相勾连，或采用其他措施。标牌应标明钢材的规格、钢号、数量和材质验收证明书号。并在钢材端部根据其钢号涂以不同颜色的油漆。

第五，钢材的标牌应定期检查。选用钢材时，要按顺序寻找，不准乱翻。

第六，完整的钢材与已有锈蚀的钢材应分别堆放。凡是已经锈蚀者，应捡出另放，进行适当的处理。

第四节 其他金属材料在建筑中的应用

随着时代的发展，建筑领域在不断扩大，人们对建筑物的工作环境的要求越来越苛刻，对建筑物的寿命期望值不断提高，对金属材料的强度、耐久性、耐腐蚀性、耐火性、抗低温性以及装饰性能提出了更高的要求。因而人们不断开发出功能更加强大、性能更加优良且符合可持续发展的新型金属材料，并将其用于建筑工程中。现将已开发出的新品种及应用情况介绍如下。

一、超高强度钢材

建筑上大量用于承重结构的钢材主要是低碳钢和低合金钢。低碳钢的屈服强度为 195 ~ 275 MPa，极限抗拉强度为 315 ~ 630 MPa；低合金钢的屈服强度为 345 ~ 420 MPa，极限抗拉强度为 510 ~ 720 MPa。虽然与木材、石材、混凝土等其他结构材料相比，钢材的强度较高，但超高层建筑、大跨度桥梁等大型结构物的构造，对钢材的强度提出了更高的要求。所以要求开发高强度钢材和超高强度钢材。

高强度钢抗拉强度要求达到 900 ~ 1300 MPa，超高强度钢材抗拉强度要求达到 1 300 MPa 以上、同时其韧性和耐疲劳强度等力学性能也要求有较大幅度的提高。目前已经开发出的超高强度钢材按照合金元素的含量分为低合金系、中合金系和高合金系三类。低合金超高强度钢是将马氏体系低合金钢进行低温回火制成，较多地用于航空业，在建筑上主要用于连接五金件等。中合金超高强度钢是添加铬、钼等合金元素，并进行二次回火处理制成，耐热性能优良，可用作建筑上需要耐火的部位；高合金超高强度钢包括马氏体时效硬化钢和析出硬化不锈钢等品种，具有很高的韧性，焊接性能优良，适用于海洋环境和与原子能相关的设施。

二、低屈强比钢

钢材的屈服强度与极限强度的比值为屈强比。它反映了钢材受力超过屈服极限至破坏所具有的安全储备。屈强比越小，钢材在受力超过屈服极限工作时的可靠性越大，结构偏于安全。所以对于工程上使用的钢材，不仅希望具有较高的强度极限和屈服强度，而且还希望屈强比适当降低。

钢材的屈强比值对于结构的抗震性能尤其重要。在设计一个建筑物时，为了实现其抗震安全性，要求在使用期内，发生中等强度地震时结构不破坏，不产生过大变形，能保证正常使用；而发生概率较小的大型或巨型地震时，能保证结构主体不倒塌，即建筑物的变形在允许范围内，能提供充分的避难时间。而要满足上述小震、中震不破坏，大震、巨震不倒塌的要求，就要求所采用的结构材料首先要具有较高的屈服强度，保证在中等强度地震发生时不产生过大变形和破坏；其次要求材料的屈强比较小，即超过屈服强度到达极限荷载要有一个较充足的过程。由于对建筑物的抗震要求越来越高，所以低屈强比钢的应用范围将越来越广。

三、新型不锈钢

新型不锈钢不含镍元素，而是添加了一些稳定性更好的元素，形成高纯度的贝氏体不锈钢，其耐腐蚀性大幅度提高，而且耐热性、焊接加工性能也得到改善。一般用于建筑物中的太阳能热水器、耐腐蚀配套管等构件。由于其在 450℃高温下表现出脆弱性，因此适宜用于 300℃以下的环境中。最近又开发出铬含量很大的新品种不锈钢，能耐 500 ~ 700 ℃高温，可用于火电厂或建筑物中的耐火覆盖层。

四、高耐蚀性金属及钛合金建材

钛金属具有一系列优点，如比强度高，韧性、焊接性较好，且有高强度钛合金，其高温力学性能好、持久强度非常高。其优秀的耐腐蚀性主要是由于其表面所形成的一层致密的氧化膜。钛金属的装饰性能也很优秀。

第七章　钢材应用与检测

第一节　钢材选购

一、钢的分类及钢的化学成分对钢材性能的影响

钢是指以 Fe 为主要元素、含碳量一般在 2% 以下，并含有其他元素的材料。

（一）钢材的分类

钢材的制作和加工条件复杂多样，因此钢的种类也极其繁多，下面介绍其中一部分。

1. 按冶炼方法分类

按冶炼方法分类
- 按冶炼设备分
  - 平炉钢
  - 转炉钢
  - 电炉钢（电弧炉、感应炉、电渣炉）
- 按脱氧程度和浇注制度分
  - 沸腾钢
  - 镇静钢
  - 半镇静钢

2. 按化学成分分类

在《钢分类第 1 部分：按化学成分分类》（GB/T 13304.1-2008）中规定，钢材按化学成分分为以下三类：

（1）非合金钢

按照其主要质量等级又可分为普通质量非合金钢、优质非合金钢和特殊质量非合金钢。

（2）低合金钢

按照其主要质量等级又可分为普通质量低合金钢、优质低合金钢和特殊质量低合

金钢。

（3）合金钢

按照其主要质量等级又可分为优质合金钢和特殊质量合金钢。

3.按用途分类

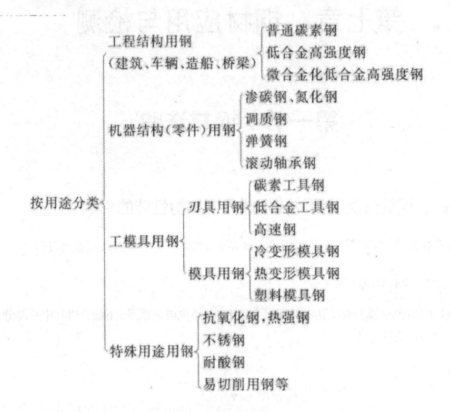

（二）钢铁产品牌号表示方法

1.钢的编号原则

简单醒目，便于书写、识别，最好能表达出主要成分、用途及主要性能和相应状态。

2.国外钢的编号方法

（1）数字+字母

（2）单独采用数字

3.我国编号方法

根据《钢铁产品牌号表示方法》（GB/T 221 2008）标准中规定，钢铁产品牌号通常采用大写汉语拼音字母、化学元素符号和阿拉伯数字相结合的牌号。另外，产品名称、用途、特性和工艺方法等，一般用汉语拼音字母字头表示。牌号中的主要化学元素含量（%）为质量分数，采用阿拉伯数字表示。

素结构钢和低合金结构钢的牌号通常由四部分组成：

第一部分：前缀符号＋强度值（以 N/mm² 或 MPa 为单位），其中通用结构钢前缀符号为代表屈服强度的拼音字母"Q"；

第二部分（必要时）：钢的质量等级，用英文字母 A、B、C、D、E、F、…表示；

第三部分（必要时）：脱氧方式表示符号，即沸腾钢、镇静钢、特殊镇静钢分别以"F"、"Z"、"TZ"表示，镇静钢、特殊镇静钢表示符号通常可以省略；

第四部分（必要时）：产品用途、特性和工艺方法表示符号。

（三）钢的化学成分对钢材性能的影响

钢是铁碳合金，除铁、碳外，由于原料、燃料、冶炼过程等因素使钢材中存在大量的其他元素，如硅、氧、硫、磷、氮等。合金钢是为了改性而有意加入一些元素，如钴、硅、钮、钛等，这些元素的存在对钢的性能都要产生一定的影响。

1. 碳

碳是决定钢材性质的主要元素。随着含碳量的增加，钢材的强度和硬度相应提高，而塑性和韧性相应降低。当含碳量超过 1% 时，钢材的极限强度开始下降。此外，含碳量过高还会增加钢的冷脆性和时效敏感性，降低抗大气腐蚀性和可焊性。

2. 硅

硅是我国钢材中的主加合金元素，它的主要作用是提高钢材的强度，而对钢的塑性及韧性影响不大，特别是当含量较低（小于 1%）时，对塑性和韧性基本上无影响。

3. 住

锰是我国低合金钢的主加合金元素，含量在 1% ~ 2% 范围内。锰可提高钢的强度和硬度，还可以起到去硫脱氧作用，从而改善钢的热加工性质。但锰含最较高时，将显著降低钢的可焊性。

4. 磷

磷与碳相似，能使钢的屈服点和抗拉强度提高，塑性和切性下降，显著增加钢的冷脆性。磷的偏析较严重，焊接时焊缝容易产生冷裂纹，所以磷是降低钢材可焊性的元素之一，但磷可使钢的耐磨性和耐腐蚀性提高。

5. 硫

硫在钢中以 FeS 形式存在，是一种低熔点化合物。当钢材在红热状态下进行加工或焊接时，FeS 已熔化，使钢的内部产生裂纹，这种在高温下产生裂纹的特性称为热脆性。热脆性大大降低了钢的热加工性和可焊性。此外，硫偏析较严重，会降低冲击韧性、疲劳强度和抗腐蚀性，因此钢中要严格限制硫的含量。

二、建筑钢材的主要技术性能

（一）机械性能

1.拉伸性能

钢材的强度可分为拉伸强度、压缩强度、弯曲强度和剪切强度等几种。通常以拉伸强度作为最基本的强度值，拉伸强度由拉伸试验测出，拉伸试样的形状及尺寸如图7-1所示。低碳钢（软钢）是广泛使用的一种材料，它在拉伸试验中表现的力和变形关系比较典型，下面着重介绍。在试件两端施加一缓慢增加的拉伸荷载，观察加荷过程中产生的弹性变形和塑性变形，直至试件被拉断为止。抗拉性能是建筑钢材最重要的力学性能。钢材受拉时，在产生应力的同时，相应地产生应变。应力和应变的关系反映出钢材的主要力学特征。从低碳钢（软钢）的应力 - 应变关系中可以看出，低碳钢从受拉到拉断经历了四个阶段：弹性阶段（OA），屈服阶段（AB）、强化阶段（BC）和颈缩阶段（CD）。如图7-2（a）所示。

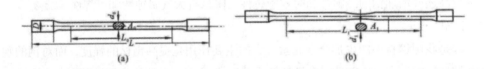

图7-1　钢的拉伸试件示意图

（a）拉伸前；（b）拉伸后

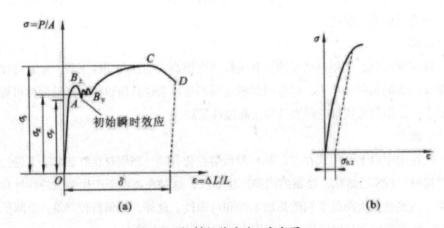

图7-2　钢材拉伸应力-应变图

（a）低碳钢拉伸时的应力-应变图；（b）高碳（硬钢）钢应力-应变图

第一阶段：弹性阶段。

在图7-2（a）中QA段应力较低，应力与应变成正比例关系，卸去外力，试件恢复原状，无残余变形，这一阶段称为弹性阶段。弹性阶段的最高点（A 点）所对应的应力称为弹性极限，用 σ_p 表示。在弹性阶段，应力和应变的比值为常数，称为弹性模量，用 E 表示，即 $E=\sigma/\varepsilon$。

第二阶段：屈服阶段。

当应力超过弹性极限后，应变的增长比应力快，此时，除产生弹性变形外，还产生塑性变形。当应力达到 B 上点时，即使应力不再增加，塑性变形仍明显增长，钢材出现了"屈服"现象，这一阶段称为屈服阶段。在屈服阶段中，应力会有波动，出现上屈服点（B 上）和下屈服点（B 下）。由于下屈服点比较稳定且容易测定，因此，采用下屈服点对应的应力作为钢材的屈服极限（σ_s）或屈服强度。

钢材受力达到屈服强度后，变形迅速增长，尽管尚未断裂，已不能满足使用要求，故结构设计中以屈服强度作为容许应力取值的依据。

在 AB 范围内，应力与应变不再成正比关系，钢材在静荷载作用下发生了弹性变形和塑性变形。当应力达到 B 上点时，即使应力不再增加，塑性变形仍明显增长，钢材出现了"屈服"现象，该点被规定为屈服点，对应的应力值称为屈服强度值。钢材受力达到屈服点以后，变形即迅速发展，尽管尚未破坏，但已不能满足使用要求。故设计中一般以屈服点作为强度取值的依据。

屈服强度是指钢材开始丧失随变形的抵抗能力，并开始产生大量变形的能力，是弹性变形转变为塑性变形的转折点。当外力超过屈服点时，产生不可恢复的变形，钢材内部的应力自动分配至低应力部位，所以屈服点是确定钢结构容许应力值的依据。其计算公式如下：

$$\sigma_s = \frac{F_s}{A_0} \tag{7-1}$$

式中　σ_s——屈服强度；

F_s——屈服应力；

A_0——试件截面积。

对屈服不明显的钢，规定以产生 0.2% 残余变形时的应力 $f_{0.2}$ 作为屈服强度 $\sigma_{0.2}$，如图 7-2（b）所示。

第三阶段：强化阶段。

在钢材屈服到一定程度后，由于内部晶格扭曲、晶粒破碎等原因，阻止了塑性变形的进一步发展，钢材抵抗外力的能力提高。在应力 - 应变图上，曲线从 B 点开始上升直至最高点 C，这一过程称为强化阶段。

对应于最高点 C 的应力称为抗拉强度（σ_b），它是钢材所承受的最大拉应力。常用低碳钢的抗拉强度为 375 ~ 500MPa。

条件屈服点：某些合金钢或含碳量高的钢材（如预应力混凝土用钢筋和钢丝）具

有硬钢的特点，其抗拉强度高，无明显屈服阶段，伸长率小。故采用产生残余变形为0.2%原标距长度时的应力作为屈服强度，称为条件屈服点，用$\delta_{0.2}$表示。

强屈比：抗拉强度与屈服强度之比（强屈比）σ_b/σ_3是评价钢材使用可靠性的一个参数。强屈比愈大，钢材受力超过屈服点工作时的可靠性越大，安全性越高。但是，强屈比太大，钢材强度的利用率偏低，浪费材料。钢材的强屈比一般不低于1.2，用于抗震结构的普通钢筋实测的强屈比应不低于1.25。

屈强比（σ_i/σ_b）反映了钢材的可利用率和安全性的大小，对钢材的可利用率和安全性来说是重要的。合理屈强比按下列规定取值：碳素钢 0.58 ~ 0.63；低碳合金结构钢 0.65 ~ 0.75。

第四阶段：颈缩阶段。

在钢材达到C点后，钢材抵抗变形的能力明显降低，试件薄弱处的断面将显著减小，塑性变形急剧增加，产生"颈缩"现象而断裂［图7-2（b）］，直至D点断裂。

中碳钢与高碳钢（硬钢）的拉伸曲线形状与低碳钢不同，屈服现象不明显，因此这类钢材的屈服强度常用规定残余伸长应力表示［图7-2（b）］

钢材的塑性指标有两个，都是表示外力作用下产生塑性变形的能力。一是伸长率（即标距的伸长与原始标距的百分比），二是断面收缩率（即试件拉断后，颈缩处横截面积的最大缩减量与原始横截面积的百分比）。

伸长率：将拉断后试件拼合起来，测量：出标距长度L_1，L_1与试件受力前的原标距D之差为塑性变形值，如图7-3所示，它与原标距L_0之比为伸长率δ_n，按下式计算：

$$\delta = \frac{L_1 - L_0}{L_0} \times 100\% \qquad (7\text{-}2)$$

式中 δ_n——伸长率（%）

L_0——试件原标距长度，mm；

L_1——断裂试件拼合后标距长度，mm。

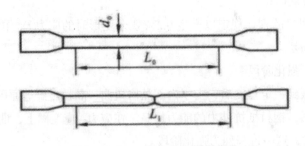

图7-3 伸长率的测定

断面收缩率：材料受拉力断裂时断面缩小，断面缩小的面积与原面积之比值称为断面收缩率。按下式计算：

$$\psi = \frac{A_0 - A_1}{A_0} \times 100\% \qquad\qquad （7\text{-}3）$$

式中 ψ——断面收缩率；

A_0——原断面面积；

A_1——拉断后断面面积。

通常以伸长率 δ 的大小来区别塑性的好坏。δ 越大表示塑性越好。$\delta > 5\%$ 的称为塑性材料，如铜、铁等渣 $\delta < 5\%$ 的称为脆性材料，如铸铁等。低碳钢的塑性指标平均值为 $8=15\% \sim 30\%$，$\psi=60\%$。

对于一般非承重结构或由构造决定的构件，只要保证钢材的抗拉强度和伸长率即能满足要求；对于承重结构则必须得到抗拉强度、伸长率、屈服强度三项指标合格的保此。

2. 冲击韧性

冲击韧性是指钢材抵抗冲击荷载而不破坏的能力。钢材的冲击韧性与钢材的化学成分、冶炼和加工有关。一般来说，钢中的 P、S 含量越高，夹杂物以及焊接中形成的微裂纹等都会降低冲击韧性。

冲击韧性的测量方法如图 7-4 所示，是用摆锤打击有槽口的标准试件，直到试件破坏单位面积所消耗的功。

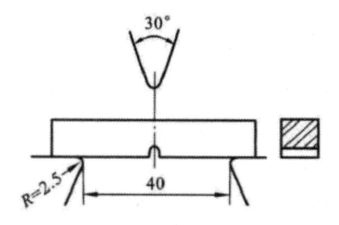

图7-4 冲击韧性试验

3. 钢材的硬度

钢材的硬度是指权表面局部体积内抵抗外物压入产生塑性变形的能力。测定钢材硬度较常用的为布氏法（图 7-5）和洛氏法。测定原理：利用直径为 D（mm）的淬火钢球，以荷载 P（N）将其压入试件表面，经规定的持续时间后卸除荷载，即得直径为 d（mm）的压痕。以荷载 P 除以压痕表面积 F（mm²），所得的应力值即为试件的布氏硬度值 HB 以数字表示，不带单位。HB 值越大，表示钢材越硬。

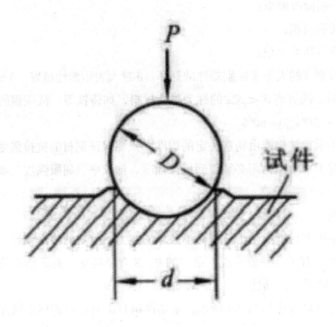

图7-5　布氏硬度测定示意图

4.耐疲劳性

受交变荷载反复作用时，钢材在应力低于其屈服强度的情况下突然发生脆性断裂破坏的现象，称为疲劳破坏。疲劳破坏是在低应力状态下突然发生的，所以危害极大，往往造成灾难性的事故。

在一定条件下，钢材疲劳破坏的应力值随应力循环次数的增加而降低。钢材在无穷次交变荷载作用下而不至引起断裂的最大循环应力值，称为疲劳强度极限，实际测量时常以 2×106 次应力循环为基准。一般来说，钢材的抗拉强度高，其疲劳极限也较高。

（二）工艺性能

钢材应具有良好的工艺性能，以满足施工工艺的要求。其工艺性能主要有以下几个方面：

冷弯是指钢材在常温下承受弯曲变形的能力。冷弯是通过检验试件经规定的弯曲程度后弯曲处拱面及两侧面有无裂纹、起层、鳞落和断裂等情况进行评定的，一般用弯曲角度 α 以及弯心直径 d 与钢材的厚度或直径口的比值来表示。如图 7-6，图 7-7 所示，弯曲角度越大，d 与 α 的比值越小，表明冷弯性能好。

建筑上常把钢筋、钢板弯成要求的形状，因此要求钢材有较好的冷弯性能。冷弯试验是将钢材按规定弯曲角度和弯心直径进行弯曲，检查受弯部位的外拱面和两侧面，不发生裂纹、起层或断裂为合格。弯曲角度越大，弯心直径对试件厚度（或直径）的比值愈小，则表示钢材冷弯性能越好。

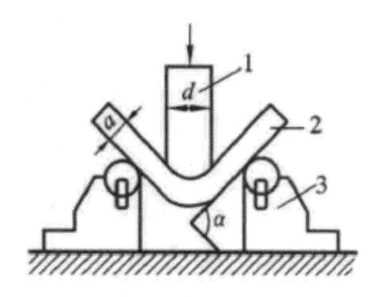

图7-6 钢材的冷弯性能

1—弯心；2—试件；—台座

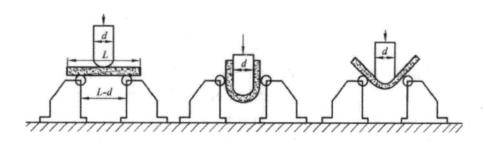

图7-7 冷弯试件和支座

冷弯是钢材处于不利变形条件下的塑性，与表示在均匀变形下的塑性（伸长率）不同，在一定程度上冷弯更能反映钢的内部组织状态、内应力及夹杂物等缺陷。

一般来说，钢材的塑性愈大，其冷弯性能愈好。

2. 焊接性能

焊接是使钢材组成结构的主要形式。焊接的质量取决于焊接工艺、焊接材料及钢的可焊性能。

可焊性是指在一定的焊接工艺条件下，在焊缝及附近过热区是否产生裂缝及硬脆倾向，焊接后的力学性能，特别是强度是否与原钢材相近的性能。

土木工程中，钢材间的连接绝大多数采用焊接方式来完成，因此要求钢材具有良好的可焊接性能。

在焊接中，由于高温作用和焊接后急剧冷却作用，焊缝及附近的过热区将发生晶体组织及结构变化，产生局部变形及内应力，使焊缝周围的钢材产生硬脆倾向，降低了焊接的质量。可焊性良好的钢材，焊缝处性质应与钢材尽可能相同，焊接才牢固可靠。

钢的化学成分、冶炼质量及冷加工等都可影响焊接性能。含碳量小于 0.25% 的碳素钢具有良好的可焊性。含碳量超过 0.3% 可焊性变差。硫、磷及气体杂质会使可焊性降低，加入过多的合金元素也将降低可焊性。对于高碳钢和合金钢，为改善焊接质量，一般需要采用预热和焊后处理，以保证质量。此外，正确的焊接工艺也是保证焊接质量的重要措施；一般结构焊接用电弧焊；钢筋连接用接触对焊。钢筋焊接应注意的问题是：冷拉钢筋的焊接应在冷拉前进行；焊接部位应清除铁锈、熔渣、油污等，应尽量避免不同国家的进口钢筋之间或进口钢筋与国产钢筋之间的焊接。

三、钢材的冷加工、时效

在常温下对钢材进行冷拉、冷拔、冷轧、冷扭和刻痕等使其产生劲性变形，从而提高屈服强度，降低塑性韧性的过程称为冷加工强化处理。

（一）冷加工方式

冷拉是指将热轧的小直径钢筋，用拉伸设备予以拉长，使之产生一定的塑性变形。冷拉后的钢筋屈服强度提高 20% ~ 30%，钢筋长度增加 4% ~ 10%，从而节省钢材。

冷拔是指将钢筋通过硬质合金拔丝模孔强行拉拔，使之不仅受拉而且受挤压以提高强度。每次冷拔断面缩小应为 10% 以下，可多次冷拔。

冷轧是指将热轧钢筋或钢板通过冷轧机，可轧成按一定规律变形的钢筋或薄钢板。冷轧变形钢筋能提高强度，节省钢材，和混凝土黏结力增大。

（二）冷加工时效

将冷加工处理后的钢筋在常温下存放 15 ~ 20d，或加热至 100 ~ 200℃后保持一定时间（2 ~ 3h），其屈服强度进一步提高，且抗拉强度也提高，同时塑性和韧性也进一步降低，弹性模量则基本恢复，这个过程称为时效处理。

钢材在常温下超过弹性范围后，产生塑性变形，强度和硬度提高，塑性和韧性下降的现象称为冷加工强化。如图7-8所示，钢材的应力—应变曲线为 OBKCD，若钢材被拉伸至 K 点时，放松拉力，则钢材将恢复至 O′ 点，此时重新受拉后，其应力应变曲线将为 O′KCD 新的屈服点将比原屈服点提高，但伸长率降低。

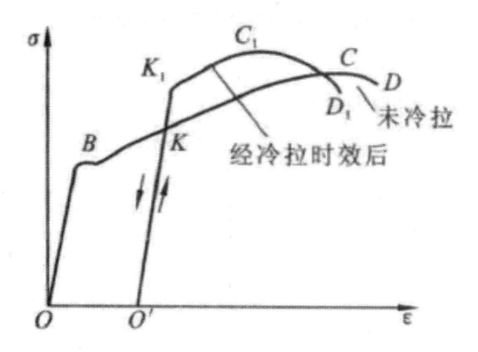

图7-8 钢筋冷拉曲线

冷加工变形程度越大，屈服强度提高越多，塑性和韧性降低越多。

时效可分为两类：自然时效和人工时效。

第一，自然时效处理经冷拉的钢材在常温下存放 15 ～ 20d，其强度和硬度提高，塑性和韧性降低。适用于强度较低的钢筋。

第二，人工时效处理经冷拉的钢材在加热至 100 ～ 200℃，并保持一段时间。人工时效适合于高强钢筋。

因时效导致钢材性能改变的程度称为时效敏感性。时效敏感性大的钢材，经时效后，其韧性、塑性改变较大。因此，承受振动、冲击荷载作用的重要结构（如吊车梁、桥梁等），应选用时效敏感性小的钢材。建筑用钢筋常利用冷加工、时效作用来提高其强度，增加钢材的品种规格，节约钢材。

第二节　建筑钢材的标准与选用

一、建筑钢材的主要钢种

目前国内建筑工程所用钢材主要是碳素结构钢和低合金高强度结构钢。

（一）碳素结构钢

《碳素结构钢》（GB/T 700-2006）规定，牌号由代表屈服强度的字母、屈服强度数值、质量等级符号、脱氧方法等四部分按顺序组成。其中，以"Q"代表屈服强度"屈"字汉语拼音首位字母；屈服强度数值共分 195.215.235 和 275MPa 四种；质量等级以硫、磷等杂质含量由多到少分别用 A、B、C、D 表示；脱包方法以 F 表示沸腾钢，Z 和 TZ 表示镇静钢和特种镇静钢，Z 和 TZ 在钢的牌号中予以省略。碳素结构钢分为四个牌号，每个牌号又分为不同的质量等级。一般来讲，牌号数值越大，含碳量越高，其强度、硬度也就越高，但塑性、韧性降低。建筑中主要应用的是碳素钢 Q235，即用 Q235 轧成的各种型材、钢板、管材和钢筋。

不同牌号的碳素钢在土木工程中有不同的应用：

Q195——强度不高，塑性、韧性、加工性能与焊接性能较好，主要用于轧制薄板和盘条等。

Q215——与 Q195 钢基本相同，其强度稍高，大量用做管坯、螺栓等。

Q235——强度适中，有良好的承载性，又具有较好的塑性和韧性，可焊性和可加工性也较好，是钢结构常用的牌号，大最制作成钢筋、型钢和钢板用于建造房屋和桥梁等。

Q275——强度高，塑性和韧性稍差，不易冷弯加工，可焊性较差，主要用作铆接或拴接结构，以及钢筋混凝土的配筋。

（二）低合金高强度结构钢

1.牌号

根据《低合金高强度结构钢》（GB/T 1591 2008）规定，低合金高强度结构钢共有八个牌号，即 Q295、Q345、Q390、Q420、Q460、Q550、Q620、Q690。所加元素主要有锰、硅、钒、钛、铌、铬、镍及稀土元素。

每个牌号根据硫、磷等有害杂质的含量，分为 A、B、C、D 和 E 五个等级。其牌号的表示方法由屈服强度字母 Q、屈服强度数值、质量等级（分 A、B、C、D、E 五级）三个部分组成。

如 Q345B 表示屈服强度不小于 345MPa。质量等级为 B 级的低合金高强度结构钢。

2. 技术性能与应用

根据国家标准《低合金高强度结构钢》（GB 1591 2008）的规定，低合金高强度结构钢主要用于轧制各种型钢、钢板、钢管及钢筋，广泛用于钢结构和钢筋混凝土结构中，特别适用于各种重型结构、高层结构、大跨度结构及桥梁工程等。

低合金钢与碳素钢相比，不但具有较高的强度，而且具有良好的塑性、冲击韧性、可焊性及耐低温、耐腐蚀性等，因此它是综合性能较为理想的建筑钢材。

（三）混凝土结构用钢

混凝土具有较高的抗压强度，但抗拉强度很低。把钢筋埋入混凝土，可大大扩展混凝土的应用范围，而混凝土又对钢筋起保护作用。根据《钢筋混凝土用钢第 1 部分：热轧光圆钢筋》（GB 1499.1-2008），钢筋混凝土用钢分为三个部分：

1. 热轧光圆钢筋

指经热轧成型，横截面通常为圆形，表面光滑的成品钢筋。按屈服强度特征值分为 235 级、300 级。钢筋的公称就径范围为 6 ~ 22mm，本部分推荐的钢筋公称直径为 6mm、8mm、10mm、12mm、16mm、20mm。

2. 热轧带肋钢筋

根据《钢筋混凝土用钢第 2 部分：热轧带肋钢筋》（GB 1499.2—2007）规定，带肋钢筋是指横截面通常为圆形，且表面带肋的混凝土结构用钢材。钢筋按强度等级分为 335 级、400 级、500 级。

钢筋的公称直径（是指与钢筋的公称横截面积相等的圆的直径）范围为 6 ~ 50mm，本标准推荐的钢筋公称直径为 6、8、10、12、16、20、25、32、40、50（单位：mm）。

3. 钢筋焊接网

指纵向钢筋和横向钢筋分别以一定的间距排列互成成直角，全部交叉点均焊接在一起的网片。

钢筋焊接网按钢筋的牌号、直径、长度和间距分为定型钢筋焊接网和定制钢筋焊接网两种。

（1）定型钢筋焊接网

定型钢筋焊接网在两个方向上的钢筋牌号、直径、长度和间距可以不同，但同一方向上应采用同一牌号和直径的钢筋并具有相同的长度和间距。

定型钢筋焊接网应按下列内容次序标记：

焊接网型号；长度方向钢筋牌号 × 宽度方向钢筋牌号；网片长度（mm）× 网片宽度（mm）。

（2）定制钢筋焊接网

定制钢筋焊接网采用的钢筋及其长度和间距应根据需方要求，由供需双方协商确定，并以设计图表示。

二、常用建筑钢材

（一）冷拉热轧钢筋

将热轧钢筋在常温下拉伸至超过屈服点的某一应力，然后卸荷，即制成了冷拉钢筋。冷拉可使屈服点提高 17% ~ 27%，材料变脆，屈服阶段变短，伸长率降低，冷拉时效后强度略有提高。冷拉既可以节约钢材，又可以制成预应力钢筋，增加了品种规格，设备简单，易于操作，是钢筋冷加工的常用方法之一。

（二）冷轧带肋钢筋

冷轧带肋钢筋是用低碳钢热轧圆盘条经冷轧后，在其表面带有沿长度方向均匀分布的两面或三面横肋的钢筋。《冷轧带肋钢筋》（GB 13788 2008）规定，冷轧带肋钢筋代号用 CRB 表示，并按抗拉强度等级划分为四个牌号：CRB550、CRB650、CRB800、CRB970。CRB550 钢筋的公称直径范围为 4 ~ 12mm，CRB650 及以上牌号钢筋的公称直径为 46mm。

冷轧带肋钢筋克服了冷拉、冷拔钢筋握裹力低的缺点，同时具有和冷拉、冷拔相近的强度，CRB550 为普通钢筋混凝土用钢筋，其他牌号为预应力混凝土用钢筋。

（三）热处理钢筋

热处理钢筋是将热轧的带肋钢筋（中碳低合金钢）经淬火和高温回火调质处理而成的。其特点是塑性降低不大，但强度提高很多，综合性能比较理想。特别适用于预应力混凝土构件的配筋，但对其应力腐蚀及缺陷敏感性强，使用时应防止锈蚀及刻痕等。

（四）冷拔低碳钢丝

冷拔低碳钢丝是将直径 6.5 ~ 8mm 的 Q235（或 Q215）圆盘条通过截面小于钢筋截面的钨合金拔丝模孔而制成。冷拔钢丝不仅受拉，同时还受到挤压作用。经受一次或多次的拔制而得的钢丝，其屈服强度可提高 10% ~ 60%，而塑性显著降低。冷拔低碳钢丝按强度分为甲级和乙级。甲级钢丝普遍用于中小型预应力构件中做预应力钢筋；乙级钢丝主要用作焊接骨架、焊接网、箍筋和构造钢筋。

（五）预应力混凝土用钢丝及钢绞线

它们是用优质碳素结构钢经冷加工，再回火、冷轧或绞捻等加工而成的专用产品，也称为优质碳素钢丝及钢绞线。

钢丝的抗拉强度比钢筋混凝土用热轧光圆钢筋、热轧带肋钢筋高许多，在构件中采用预应力钢丝可收到节省钢材、减少构件截面和节省混凝土的效果，主要用作桥梁、吊车梁、大跨度屋架、管桩等预应力钢筋混凝土构件中。预应力钢绞线主要用于预应力混凝土配筋，适用于大型屋架、薄腹梁、大跨度桥梁等负荷大、跨度大的预应力结构。

（六）型钢

1. 热轧型钢

常用的热轧型钢有角钢(等边和不等边)、工字钢、槽钢、T形钢、H形钢、Z形钢等。热轧型钢的标记方式为在一组符号中需标出型钢名称、横断而主要尺寸、型钢标准号及钢号与钢种标准。

钢结构用的钢种和钢号，主要根据结构与构件的重要性、荷载性质、连接方法、工作条件等因素予以选择。对于承受动荷载的结构、焊接的结构及结构中的关键构件，应选用质量较好的钢材。

我国建筑用热轧型钢主要采用碳素结构钢 Q235A，强度适中，型性和可焊性较好，而且冶炼容易，成本低廉，适合建筑工程使用。在钢结构设计规范中推荐使用的低合金钢，有两种：Q345 和 Q390，可用于大跨度、承受动荷载的钢结构。

2. 钢板和压型钢板

用光面轧辊轧制而成的扁平钢材，以平板状态供货的称钢板，以卷状供货的称钢带。按轧制温度不同，又可分为热轧和冷轧两种。建筑用钢板及钢带的钢种主要是碳素结构钢，一些重型结构、大跨度桥梁、高压容器等也采用低合金钢钢板。

按厚度来分，热轧钢板分为厚板（厚度大于 4mm）和薄板（厚度为 0.35 ~ 4mm）两种；冷轧钢板只有薄板（厚度为 0.2 ~ 4mm）一种。厚板可用于焊接结构；薄板可用作屋面或墙面等围护结构，或作为涂层钢板的原料，如制作压型钢板等；钢板可用来弯曲型钢。薄钢板经冷压或冷轧成波形、双曲形、V 形等形状，称为压型钢板。制作压型钢板的板材采用有机涂层薄钢板（或称彩色钢板）、镀锌薄钢板、防腐薄钢板或其他薄钢板。

压型钢板具有单位质量轻、强度高、抗震性能好、施工快、外形美观等特点，主要用于围护结构、楼板、屋面等。

3. 钢管

钢管按制造方法分无缝钢管和焊接钢管。无缝钢管主要用作输送水、蒸汽和煤气的管道，建筑构件、机械零件及高压管道等。焊接钢管用于输送水、煤气及采暖系统的管道，也可用作建筑构件，如扶手、栏杆、施工脚手架等。按表面处理情况分镀锌和不镀锌两种。按管壁厚度可分为普通钢管和加厚钢管。

第三节　建筑钢材性能检测

一、钢筋的拉伸性能试验

（一）试验目的

测定低碳钢的屈服强度、抗拉强度、伸长率三个指标，评定钢筋的质量。

（二）主要仪器设备

1. 万能试验机

2. 钢板尺、游标卡尺、千分尺、两脚爪规、钢筋打点机等。

（三）试件制备

1. 抗拉试验用钢筋试件一般不经过车削加工，可以用两个或一系列等分小冲点或细画线标出原始标距（标记不应影响试样断裂）。

2. 试件原始尺寸的测定

测量标距长度 l_0，精确到 0.1mm。计算时可根据钢筋的公称直径选取公称截面面积（mm^2）。

（四）试验步骤

1. 取直径 8 ~ 40mm 的钢筋试件，一般不经切削，截取长度为拉伸试件的标距长度加上夹具长度和预留长度（mm）。

2. 用游标卡尺量出被测钢筋的直径。

3. 在钢筋试件的表面用钢筋打点机在钢筋表面画出一系列等分细画线，每一点距离为10mm。标出试件原始标距，测量标距长度（试件原始标距取10倍或5倍钢筋直径）

注：原始标距（l_0）的标记应用小标记、细点画线或细黑线标记，但不得用引起过早断裂的缺口作标记。直径 6.5mm、8mm 的钢筋原始标记 $L_0=10d$；直径为

10～50mm 的钢筋原始标记 $L_0=5d$。以为钢筋的公称直径。

4.将试件固定在试验机夹头内。

5.调整试验机测力度盘的指针，对准零点，并拨动副指针，与主指针重叠。

6.开动试验机，以 1～2kN/s 的速率加载，屈服后试验机活动夹头在荷载下的移动速度不大于 $0.5L_0$/min，直至钢筋被拉断。试验的应力速率为 6～60MPa/s。

7.对于屈服强度（R_{dL}）、规定非比例延伸强度（R_p）、抗拉强度（R_m）等的测定，可采用图解法、指针法和自动微处理机处理法获得。以采用指针法为例，在拉伸过程中，测力度盘指针停止转动时的恒定荷载或第一次回转时的最小荷载即为屈服荷载 $F_d(N)$。继续加荷至试件拉断，读出最大荷载 $F_m(N)$。

8.试样拉断后，将其断裂部分在断裂处紧密对接在一起，尽量使其轴线位于一直线上，如拉断处形成缝隙，则此旋隙应计入试样拉断后的标距内。测量试件断后标距长度、（mm），要求精确到 0.1mm。其测量方法有三种：

（1）直接法

如拉断处到邻近的标距点的距离大于 L/3 时，可用卡尺直接量出已被拉长的标距长度 L_U。

（2）移位法

若试样断裂处是在标距的两标点间，但距离最近标距标记的距离小于或等于 $L_0/3$ 时，则可采用"移位法"测定断后伸出率。如图 7-9（a）、（b）所示，并按相应公式计算。

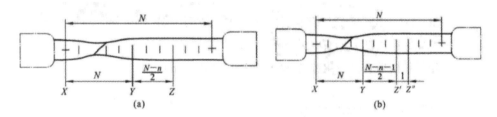

图7-9　用移位法计算标距示意图

（a）$N-n$ 为偶数 $A=\dfrac{XY+2YZ-L_0}{L_0}\times100\%$；（b）$N-n$ 为奇数；

$$A=\dfrac{XY+YZ'+YZ''-L_0}{L_0}\times100\%\qquad(7\text{-}4)$$

（3）图解方法

试验时记录力延伸曲线或力位移曲线，从曲线读取力首次下降前的最大力和最小力或屈服平台的恒定力。将其分别除以原始截面积得到上屈服强度和下屈服强度。

（五）评定结果

根据钢筋拉伸过程中数据计算钢筋的屈服强度、抗拉强度和伸长率，判断钢筋技术性能指标是否合格。如试件在标距端点上或标距处拉断，则试验结果无效，应重做试验。

1. 试件屈服强度（R_d）按下式计算：

$$R_d = \frac{F_d}{S_0}$$

（7-5）

式中 R_d——下屈服强度，N/mm² 或 MPa；

F_d——下屈服时的荷载，N；

S_0——试件公称截面面积，mm²。

2. 试件抗拉强度按下式计算：

$$R_m = \frac{F_m}{S_0}$$

（7-6）

式中 R_m——抗拉强度，MPa；

F_m——试件拉断后最大荷载，N；

S_0——试件公称截面面积。

3. 试样断后伸长率按下式计算：

$$A\left(A_{11,3}\right) = \frac{L_1 - L_0}{L_0} \times 100\%$$ （7-7）

式中 $A(A_{11,3})$–L_0=10d 和 L_0=5d 时的伸长率，$A_{11,3}$ 为采用长比例试件时的延伸率，%；

L_0——原始标距长度 L_n=10d（或 5d），mm；

L_1——试件拉断后直接量出或按移位法确定的标距，mm。

二、钢筋冷弯性能检测

（一）试验目的

检测钢筋承受弯曲变形的性能，从而确定其可加工性，并显示其缺陷。

（二）主要仪器设备

万能试验机。

（三）试件制备

1. 试件的弯曲外表面不得有划痕。

2. 试样加工时，应去除剪切或火焰切割等形成的影响区域。

3. 当钢筋直径小于 35mm 时，不需加工，直接试验；若试验机能量允许时，直径不大于 50mm 的试件亦可用全截面的试件进行试验。

4. 当钢筋直径大于 35mm 时，应加工成直径 25mm 的试件。加工时应保留一侧原表面。弯曲试验时，原表面应位于弯曲的外侧。

5. 弯曲试件长度根据试件直径和弯曲试验装置而定，通常按下式确定试件长度：

$$l=5d+150（以为试件原始直径）\tag{7-8}$$

（四）试验步骤

1. 确定试样长度；

2. 调整试验机各种平台上支承辊距离，d 为冷弯冲头直径；

3. 将试件放入试验机上，平稳加荷，钢筋绕冷弯冲头弯曲至规定角度（90° 或 180° ）后，停止冷弯。

（五）试验结果处理

检查试件弯曲处的外表面，若无肉眼可见裂纹，则评定试样合格。

参考文献

[1] 肖忠平，徐少云.建筑材料与检测 [M].北京：化学工业出版社，2020.

[2] 苑芳友.建筑材料与检测技术 [M].北京：北京理工大学出版社，2020.

[3] 崔国庆.建筑材料质量检测 [M].北京：中国建筑工业出版社，2020.

[4] 吴蓁.建筑节能工程材料及检测 [M].上海：同济大学出版社，2020.

[5] 黄显斌.土木工程材料试验及检测 [M].武汉：武汉理工大学出版社，2020.

[6] 路彦兴著.钢结构检测与评定技术 [M].北京：中国建材工业出版社，2020.

[7] 王文.金属材料加工专业实验教程 [M].北京：冶金工业出版社，2020.

[8] 曹雅娴.建筑装饰材料与室内环境检测 [M].北京：机械工业出版社，2018.

[9] 金孝权.建筑工程材料进场复验和现场检测抽样规则 [M].北京：中国建筑工业出版社，2018.

[10] 彭红.建筑材料 [M].重庆：重庆大学出版社，2018.

[11] 陈鹏，张黎，刘放.建筑材料 [M].南京：东南大学出版社，2018.

[12] 吴潮玮，郭红兵，杨建宁.建筑材料 [M].北京：北京理工大学出版社，2018.

[13] 李清江，姜勇，于全发.建筑材料 [M].北京：北京理工大学出版社，2018.

[14] 连丽，刘丘林，鲁周静.建筑材料与检测 [M].北京：北京理工大学出版社，2019.

[15] 王从军，公婷，侯杰.建筑材料应用与检测 [M].哈尔滨：东北林业大学出版社，2019.

[16] 杨雪.化工建筑材料检测 [M].辽宁民族出版社，2019.

[17] 陈桂萍.建筑材料与检测 [M].大连：大连理工大学出版社，2019.

[18] 朱超.建筑材料与检测 [M].南京：南京大学出版社，2019.

[19] 谭平，张瑞红，孙青霭.建筑材料 [M].北京：北京理工大学出版社，2019.

[20] 王欣，陈梅梅，姜艳艳.建筑材料 [M].北京：北京理工大学出版社，2019.

[21] 杨晓东.建筑材料检测 [M].北京：中国建材工业出版社，2018.

[22] 安德锋.建筑材料与检测 [M].天津：天津科学技术出版社，2018.

[23] 杨丛慧，张艳平，孙建军.建筑材料检测技术 [M].阳光出版社，2018.

[24] 白燕，刘玉波.建筑工程材料检测第 2 版 [M].北京：机械工业出版社，2018.

[25] 尚敏. 建筑材料与检测 [M]. 北京：机械工业出版社，2018.

[26] 卢经扬. 建筑材料与检测第 2 版 [M]. 北京：中国建筑工业出版社，2018.

[27] 杨建华. 建筑材料与检测 [M]. 南京：南京大学出版社，2018.

[28] 汪文萍. 建筑材料与检测 [M]. 北京：中国水利水电出版社，2018.

[29] 张英. 建筑材料与检测 [M]. 北京：北京理工大学出版社，2017.

[30] 王光炎，季楠. 建筑材料与检测 [M]. 天津：天津大学出版社，2017.

[31] 游普元. 建筑材料与检测 [M]. 哈尔滨：哈尔滨工业大学出版社，2017.

[32] 张玉稳，任淑霞，张玉明. 建筑材料试验检测 [M]. 郑州：黄河水利出版社，2017.

[33] 李双营，黄辉. 建筑材料检测 [M]. 北京：科学技术文献出版社，2017.

[34] 陈婷. 建筑材料检测与应用 [M]. 武汉：华中科技大学出版社，2017.

[35] 孙红梅，张连海. 建筑材料与检测 [M]. 武汉：中国地质大学出版社，2017.

[36] 程辉，刘平艳. 建筑材料与检测 [M]. 武汉：中国地质大学出版社，2017.